中华末茶简史

梁文涟　徐中锋　著

东南大学出版社
SOUTHEAST UNIVERSITY PRESS
·南京·

图书在版编目(CIP)数据

中华末茶简史 / 梁文涟，徐中锋著. -- 南京：东南大学出版社，2023.8

ISBN 978-7-5766-0566-2

Ⅰ. ①中… Ⅱ. ①梁… ②徐… Ⅲ. ①茶道－中国 Ⅳ. ① TS971.21

中国版本图书馆 CIP 数据核字（2022）第 242892 号

责任编辑：张丽萍　　责任校对：张万莹　　封面设计：毕　真　　责任印制：周荣虎

中华末茶简史

ZHONGHUA MOCHA JIANSHI

著　　者：梁文涟　徐中锋
出版发行：东南大学出版社
社　　址：南京市四牌楼2号　邮编：210096　电话：025-83793330
出 版 人：白云飞
网　　址：http://www.seupress.com
电子邮箱：press@seupress.com
经　　销：全国各地新华书店
印　　刷：南京新世纪联盟印务有限公司
开　　本：700 mm×1000 mm　1/16
印　　张：13
字　　数：240千字
版　　次：2023年8月第1版
印　　次：2023年8月第1次印刷
书　　号：ISBN 978-7-5766-0566-2
定　　价：58.00元

序　一

中国文化很早就开始了走向世界的进程，而中国末茶走向世界则是一段辉煌的华章。早在唐代，便有日本高僧最澄将茶引入日本，并带回茶籽，在日本种植茶叶。南宋时期，求学于中国的日本高僧荣西禅师将末茶蒸青工艺等引入日本，末茶在日本生根开花，形成了日本社会生活中的“抹茶道”文化。但是在数百年后的大明王朝，皇家禁止了这项饮食传统，据说是因为末茶制作费时费力，饮用程序复杂，过于奢侈。很遗憾，在中国发生发展了一千多年的末茶民俗传统逐渐衰微。而在日本恰恰相反，抹茶文化蓬勃发展，以至于成为日本文化的符号之一。这对于日本、对于世界、对于整个人类文化传统的传承传播是一件大好的事情。对于中国末茶传统，也是一大幸运，这是我们认识末茶文化的前提。但对于中国文化，尤其是对于中国茶文化，不能不说是一件遗憾的事，毕竟在中国大地，末茶文化整体衰弱了。当然，我们不能说明代以后末茶在中国就失传了、绝迹了。从大量的茶书与相关文献来看，中国末茶文化尚在边缘传承。或传其技术，或延续其习俗，更有弘扬其文化的。如清代嘉定陆廷灿之《续茶经》不仅传承了陆羽的末茶文化传统，更将唐宋及以后相关末茶文献汇聚在一起，延续了中国末茶文化的命脉。这也是我们认识和研究末茶文化的一个前提。

促进末茶回归中国大地的有一大批仁人志士与有志向的企业。21 世纪初这种回归蔚然成风。其中最为著名者，有宇治抹茶（上海）有限公司。他们在吸收日本抹茶经验的基础上，更多地自主开发制茶工具，整理中国末茶文化传统，搜集中国末茶文物，让末茶真正回归中国传统。这是中国茶文化发展的一件大事，也是中国茶产业发展的一件大事。

从 21 世纪初末茶产业兴起，距今只有十几年的时间，要说发展还是很快的。但是，中国这样大的茶饮市场，末茶产业还是处在发展的初期阶段，末茶茶饮的影响力不是十分理想，还有很大的发展空间，这是为什么呢？我们从末茶研究与传播的视角稍加考察，就会发现一个很明显的问题。

红茶、绿茶、黑茶等巨大的产业规模与大规模的文化弘扬是存在直接的关联的。从知网搜索，有一百多篇论文和一般文章是讲茶的。这些文章都写什么呢？我们发现都是关于产业考察、技术分析、末茶的有效成分分析等，只有很少的篇章讨论末茶文化问题。有若干题名涉及“末茶文化”的文章，但是很少有文章真正讨论末茶文化，多是讲末茶的制作技艺。也就是说，末茶文化研究在当下的末茶产业发展中是缺位的。这是一个问题：在中国茶文化研究这样大热的背景下，末茶文化研究则相对冷落，话语缺失。

不仅末茶文化研究缺位，就是弘扬末茶文化的一般读物和文章也不是很多。我们通过调查华东师范大学图书馆书目，虽然不能见到茶文化研究的全貌，但是也是可以窥一斑而知全豹的。华东师范大学图书馆中，关于红茶的书，是两百本；关于白茶的书，也有两百本。绿茶就不要说了，多得很。就是单独的茶类——关于普洱茶的书也有一百多本，关于乌龙茶的书有几十本。但是，到本书出版为止，大学图书馆中关于抹茶的书，或者关于末茶的书，真是凤毛麟角。

这十几年，末茶研究开始起步了。我们到国家图书馆查询，才发现有2020年出版的一本《中国抹茶》（中国农业科学技术出版社），其内容“涵盖了抹茶发展历程、茶园建设、栽培管理、遮阳覆盖、加工工艺、机械装备、品质审评、贮藏包装和多元化利用等配套技术。同时，书后附有抹茶技术标准、相关专利和产业记事等”。全书只有200页，九章加附录。只有第一章“抹茶发展历程”讲述了中国末茶文化相关内容，篇幅很小。也就是说，到目前为止，还没有一本关于中国末茶文化的著作出版，难怪这个产业发展的步伐不快了。

市面上日本人等外国人写的关于日本抹茶的如《我爱抹茶》《抹茶之味》《遇见抹茶，遇见有滋味的日子》等，助推了日本抹茶的发展。事实告诉我们，一个带有文化色彩的产业，如果其文化不能得到阐述、不能得到研究、不能得到传播，那么这个产业一般来说是很难发展的。这是文化产业发展与文化研究关系的一般规律。

梁文涟老师是一位致力于中国末茶文化传承的专业人士。长期以来，她搜集中国末茶文化的资料，苦口婆心地告诉大家，陆羽《茶经》里讲到的茶，有很大一部分讲的是中国末茶。她对中国茶书做了细致深入的梳理，提出很多问题。如“茶道”是中国传统,不是外国传统；应该是“中国末茶”，不是“中国抹茶”，而“末茶”与“抹茶”是中日两种粉末茶的重要区别。这些问题不是一般的词汇问题，而是严肃的文化问题。梁老师的这些原则性的观点是非常重要的。

在长期积累的基础上，梁老师的这本《中华末茶简史》就要出版了。对于中国末茶界来说,其意义远远超过办几家茶厂。这本书首先为末茶正名，这就太重要了。常言道：名不正则言不顺，言不顺则事不成。自陆羽以来，中国的粉末茶饮叫“末茶”，而“抹茶”是日本在中国末茶基础上发展后提出来的新的名词。“末茶”是“抹茶”之祖,这个不仅仅是民族自尊心的问题，而且是一个学术和科学问题。这样辨析清楚,有利于大家认识末茶文化源流，澄清是非；同时，对于中国末茶的品牌建设有着根本性的意义。

我们的研究生参与末茶文化研究，论文标题使用的是“末茶”，而不是“抹茶”，可见梁老师观点的直接影响。今天，我们在知网查文献，张一洁的硕士学位论文是少见的使用“末茶”称谓的人。可见，“末茶”叙事，正在产生较大影响，我相信这种正名一定会得到中国人的广泛认同。

作为关于末茶文化的书，本书不仅立足中国历代茶书，剖析历代诗文，还将中国历史上的传世茶图予以细致的解读。茶图以直观的形式，呈现了中国古代茶饮的用具与礼仪,是典型的图像叙事工具。本书的图像解说细致，且充满情感与趣味，值得各方面人士阅读欣赏。关于末茶茶具，本书的分析立足文献和图像，令人信服。如茶筅，用大量的图示表现了中国茶筅的形态,也展示了中国茶筅与日本茶筅的区别,体现了文化的联系性与多样性，非常具有说服力。

我们期待以此为开端，中国末茶产业界除了重视技术，能更加重视末茶文化的研究。文化既是幸福感的源头，又是产业发展的翅膀。通过末茶文化研究，帮助民众建立对于中国末茶文化的认知，树立一种文化自信，享用健康的中华茶饮美食，是产业自我发展之需要，也是茶文化的发展与传承之需要。同时我们也希望中国茶文化研究界加强对末茶文化的研究，正确认识中国茶文化谱系，建立完整的中国茶文化研究话语系统。

唐代诗人皮日休有两句诗表达了饮茶的心境：相向掩柴扉，清香满山月。其实山月并不香，而是人的心香。茶饮是一种心境，一种文化，一种纯美。愿末茶文化如山月烂漫，带给美丽中国与美丽世界和平与安宁。

田兆元[①]

2021年10月21日于海上南园

① 田兆元：华东师范大学非物质文化遗产传承与应用研究中心主任、教授。

序　二

中国是茶文化的故乡。

这一片树叶的故事，千古流传，融入东方文明漫漫演化之途，同时，也书写着东方与西方的文化交流史。今天，人们从非物质文化遗产保护的视角，重新走近并发掘这个故事，整理采茶、制茶过程中双手的劳作以及心灵的感悟，重现自然与技术、产业与茶道那种浑然天成的记忆。基于此，我们也以一种对自然的谦卑、对创造的尊崇，重新返回到文明的根脉深处，为这个深厚人文底蕴中的技艺和匠心，不断培植新生的厚土。

末茶，带着它在茶道中的独特魅力拥抱“非遗”；“非遗”，也以对璀璨过往的打捞和保存对末茶敞开大门。在上海这个极具多元化和开放性的国际大都市，末茶已经成为其“非遗”家族中的一员，这是中国古老的茶文化在21世纪的一次独特的创造性再生。

仔细斟酌，我们会对茶的命名感到惊奇：红茶、绿茶、花茶；乌龙、茉莉、普洱、毛尖……这些看似寻常却富有情趣的命名，无形中为我们展示了自然造物的多样性与丰富性。颜色伴着象征，象征连着想象，命名中的意象蕴含着人们对自然的欣赏与热爱。如果说茶叶属于人对植物的培育，那么末茶，就是人对培育物的再次创造。首次提出“末茶”二字的《茶经》中有云：“饮有粗茶、散茶、末茶、饼茶者。”显然，茶文化创造多样纷纭，而末茶，一开始就在这种创造中占据着特殊的地位。

就“物”而言，末茶的特殊地位，首先联系着形态。与“粗”“散”“饼”“团”状不同，“末茶”的神奇在于将茶叶转化成看不出原态的细粉末状，其文化意涵，就如八卦将宇宙天地转化为抽象符号。人们经由对自然的再创造，获得了一种重新进入自然的方式。在末茶的饮茶之道中，细腻的粉末经过冲点，再次拥有了新的形态，这些变化演示着多重形态中人与天地的和谐之道。

《茶经》的作者、被誉为“茶圣”的唐人陆羽，就曾这般形容末茶的泡沫：“漂漂然于环池之上，又如回潭曲渚青萍之始生，又如晴天爽朗，有浮云鳞然。”饮茶不仅仅是味觉感受，它同时将人的视觉、触觉乃至听觉都包容其中，心灵便在这样的通感活动之下，自由而丰富地跃动；“晴天”与“浮云”，也就这样经由末茶这个中介，再次呈现出饱满、灵动的样态。

“物”的创造离不开器具与技艺。举凡木碾与石磨的更迭，“舂”与“磨”的配合，无不在古人精益求精的追求中推陈出新。苏东坡曾有诗专门记载并赞叹末茶的制作技艺：“计尽功极至于磨，信哉智者能创物。”中国古代的智者面对技术有着自己独特的态度：一方面，他们“计尽功极”，将技术在可能的历史条件下发挥到极致。另一方面，他们也从未像近代西方那样屈从于“机心”的控制。就像采茶的时机，“其日有雨不采，晴有云不采”，充分应和自然之道，技艺的演进，也要服从于对“大道”的倾听。中国伟大的“工匠精神”，从来也都是伟大的艺术精神。

文化创造就这样显示了它的独特魅力。“非遗”，作为人类文明记忆的当代保护手段，所要发掘的正是这种精微之处的文化要义。末茶之道，以传统士人所创造的对精致与典雅茶文化的精神追求，对日常生活进行了仪式化的编织。众所周知，茶道在中国文化中与其他艺术形式息息相通，举凡琴棋书画，莫不联系着“游目骋怀”“心与道合”的超越式情感。茶道，更因其“饮食之道”的性质，拥有着与更广泛大众的文化接榫。从这个意义上看，末茶进入“非遗”，无疑将迎来更为重大的文化作为。

文化的传承，从来都不是直线式的连续奔流，其中有分叉与断裂、斜出与回归，让人感叹历史的波谲云诡。茶与茶道，伴随着大地与海洋上的“丝绸之路”，在东方内部及东西方之间，成为贸易与交往中的重要角色。制茶的技艺、候茶的技艺、饮茶的礼仪，嵌入鲜嫩的枝芽、流光的杯盏之中，经由商人的艰辛跋涉，在各地区生根发芽。“东海西海，心同理同。”中国古代文人的饮茶情怀，也同样被“金发碧眼”的敏感心灵所捕捉。普鲁斯特就在一次“茶饮”中，借着一块不经意的“玛德琳小点心”、调羹与瓷盘相碰的叮咚声，让潜意识中的“逝水流年”在一瞬间奔涌而来。

“非遗”保护是一场世界性的人类文化传承自觉，发掘文化的特殊性，作为世界性的财富，末茶就是极好的个案。伴随对自然之道的虔敬，末茶一定能演化成为广受民众青睐的文化形态。

本书的作者梁文涟女士，将她的个人际遇化作末茶与“非遗”的纽带。早年负笈求学日本的经历，让她有了扎实的学术根底，对中国传统文化的热爱，又使她成为发掘末茶文化、传承末茶之道的践行者。十余年间，她心系末茶、兀兀穷年，从创办小作坊开始，苦心经营，一心一意地让这一文化瑰宝重绽芳华。在梁文涟女士和诸同道的努力下，末茶开始重新走入现代人的生活，她的“小作坊”也在2017年成为“抹茶”国家标准的起草人单位。

更为可喜的是，梁文涟女士还怀着更深远的思虑，她在这本《中华末茶简史》中下了极大气力耙梳中国古代与日本的文献，举凡制茶饮茶的诸般过程、末茶之道在各时期的源流演化，她都做了细致而有分寸的考订。尽管本书篇幅不长，但意味深远。尤其是关于“茶磨”这样难度极大的器物考证，书中也有详述，对其源起、与石磨的关系、不同形态特征、制茶使用过程，以及制茶技艺与“喉感”的关系等，都有精心审辨与明晰描写，读来让人印象深刻。可以说，若没有“工匠精神”，这本书也不会这样被精致地呈现。

时至今日，“古法末茶制作技艺”已经列入上海宝山区“非遗”名录，这得益于上海这个国际大都市独特的历史地理优势，以及海纳百川的胸怀。梁文涟女士的《中华末茶简史》，可视作她为末茶“非遗”传承发展所奉上的一份厚礼，让人对悠悠茶香之中的文明承续、文化创新更加抱有深深的信念。

高春明[①]

2021年10月23日

---

① 高春明：上海市非物质文化遗产保护协会会长。

写在前面

在我们这个古老的国度，曾经有过许多的骄傲与辉煌，末茶[①]就是我们的先祖留下的珍贵文化遗产，是人类文化史上极其辉煌的一页。

中华末茶起源于汉晋，鼎盛于唐宋，至今已有两千多年历史。末茶道几乎浓缩了中华古典文化的全部内容：在思想上，末茶道包含了传统儒释道教义、神仙思想、五行八卦；在形式上，末茶道涵盖了琴棋书画、闻香、插花、雕刻、漆器、陶瓷、烹调、庭院建筑、服饰礼仪等社会万象。末茶道可以是皇室贵族的豪华奢侈，可以是文人墨客的风流雅韵，也可以是街头巷尾的民俗民风；既可以成为三两同好之间的雅集沙龙，也不妨是临风邀月的自斟独饮。

今天的人们，经常会疑惑：各个朝代，不同的时期，古人究竟是怎么吃茶的?

历史久远，众说纷纭。吃茶作为社会生活的一部分，必然是多种形态并存的，各种不同的吃茶方式必然是相互渗透、相互影响的。习俗的形成与变化是一个渐变的过程，需要很长的时间，不可能在某年某月的某一天，一下子就变换成另一种全新的方式。这本《中华末茶简史》就是对众多文献典籍、传世茶图按照时间顺序进行铺排、梳理、分析，从而窥见古代末茶的制作技艺以及候茶技艺的发展与进化，希望能够帮助热爱末茶的同道们了解并深度认识末茶。

自隋代起，中国周边的国家，特别是日本、韩国，常有求学的僧人来华，通过这些僧人，中国古老的末茶文化传到了国外。而在末茶的发源地中国，在明朝时，因为政治与经济原因，饮茶方式发生了重大的变化，使得末茶

---

① 末茶传到日本后被称为“抹茶”。

的传承陷于萧条甚至湮没，以至于到了近代，人们不知末茶为何物、点茶为何事，这很令人痛心。

曾经有一次，末茶体验活动结束后，一个农大茶学专业的毕业生告诉我，他们在古典茶书中看到过“末茶”，看到过“调膏”，但不知道是什么意思，也曾经请教过老师，可老师也不知道。呜呼！近代中国已经不见了末茶，不见了茶磨，也不见了末茶道，而漂泊在外的末茶却被他国奉为至宝，引为国粹。

古人的发明与创造伴随着历史车轮的滚滚向前而不断地被完善、被更新，被新的技术所取代，甚至被时代的政治、经济因素所左右，离我们而去，销声匿迹、断代难寻。但是留存下来的文献资料、不断面世的出土文物，又能让人们淡忘的记忆重新清晰起来。中华末茶文化的艺术与思想，如同凝固在悠久历史中的宝石，虽然被岁月隐蔽了身形，被风沙掩盖了光泽，但当历史的书页再度被掀开时，一切都会被还原。

什么是“候茶”？

把历史上饮用末茶的多种方式方法都简单地称为“点茶”是否合适？虽然使用茶筅的手法是“点”“刷”，但是我们不能否认，唐朝陆羽的“煮茶”用的也是末茶，“煮茶法”自然属的方式于诸多末茶的饮用方式之一。煮茶使用的是“竹筴”，手法是“搅拌”；历史上还曾有过使用竹筴、茶勺来调制末茶的时期，用茶勺调制的时候是不可能采用“点”的手法的，我们不妨尝试一下，茶勺是绝对“点”不出泡沫的，这里的“点”，实质上的手势是“击拂”，是“搅拌”，更接近现代人们在碗里击打鸡蛋的手法。毋庸置疑，这些都属于饮用末茶的范畴。宋朝蔡襄在《茶录·候汤》中把整个煮水点茶的全程整理为炙茶、碾茶、罗茶、候汤、熁盏、点茶，把煮水的过程称为“候汤”。“候汤最难，未熟则沫浮，过熟则茶沉，前世谓之蟹眼者，过熟汤也。沉瓶中煮之不可辨，故曰候汤最难。”煮水点茶的过程中，掌握煮水的适宜程度最难，水未熟就用来点茶，茶末会漂浮在汤面上，汤煎得过熟，茶末会沉入水底，前人称作“蟹眼”的就是过熟的水。这里讲的是煮水的技巧。那么用一个什么词语来概括吃茶的全过程呢？笔者选择了“候茶”这个词语，以期能够把整个吃茶的过程、吃茶的方式：炙茶、碾茶、罗茶、候汤、熁盏、点茶，以及煮茶、分茶等，全都包括在内；除了行为方式外，还包含了精神层面的意思：卑微自身，敬奉末茶，敬奉客人。

“孰知茶道全尔真，唯有丹丘得如此。”中华末茶道是哲学思想，也是美学艺术；是健康美容，也是修身养性。愿末茶文化中所蕴含的祖先们深邃的哲学理念、卓越的创造智慧、精美的器皿用具、优雅的候茶技艺，都能够在我们今天的生活中鲜活地再现，如春风拂柳，如溪流潺潺，温暖并滋润你、我、他的心田。

梁文涟

2022 年 1 月 22 日于梧桐书院

目　录

第一章

唐前·末茶之雏形

“茶之为饮,发乎神农氏,闻于鲁周公。齐有晏婴,汉有扬雄、司马相如,吴有韦曜,晋有刘琨、张载、远祖纳、谢安、左思之徒,皆饮焉。滂时浸俗,盛于国朝。两都并荆俞间,以为比屋之饮。”[①] 传说第一个食用茶鲜叶的是神农氏，有一次神农氏为了试吃中草药而中毒了，偶然间食用了生鲜的茶叶，竟然“解毒”了。最初用文字介绍茶的是周公旦，这之后，茶便开始广为世人所知。春秋时期的晏婴，汉代的扬雄、司马相如，三国的韦曜,晋代的刘琨、张载、陆纳、谢安、左思等都是爱茶之人,以至到了唐朝,茶已成“比屋之饮”。

在中国茶的历史中，茶叶最初是用来治病的，其饮用方式也与其他中草药一样，可以晒干备用，使用时先予以粉碎，再加水熬煮成汤药服用。渐渐地，人们发现茶叶具有去腥膻、助消化的作用，还有提神醒脑、消除疲劳的功效，便经常煮汤来饮用，逐渐演变成日常饮料。史料表明，春秋战国时期的人们就已经开始饮茶，到了秦汉时期，饮茶风习已相当普及。

第一节　末茶的起源

西汉王褒作于宣帝神爵三年（前 59 年）的《僮约》里有“脍鱼炮鳖，烹茶尽具”“牵犬贩鹅，武阳买茶”，在这张劳务清单中可以看到，家僮不但要去武阳采购茶，还要烹茶并且清洗器具，字里行间还可以看到当时吃茶的方式是“烹”，烹就是煮的意思。

江南宜兴，古称阳羡，在三国时期属吴国，孙权担任过该地长官“阳

---

① 陆羽《茶经·六之饮》。

羡长”。孙皓当上吴国皇帝后，封禅阳羡的铜官山为南岳山，立有“国山碑”。南岳山巅有池，岩洞绝胜，山坡上遍产香茗，春茶色紫形笋，被称为阳羡紫笋茶，奉为“国山荈”。孙权的母亲喜爱吃茶，特别喜欢铜官山上的紫笋茶，山僧每年都会制作一些紫笋茶献给老国太，这或许就是中国最早的贡茶了吧？不过那时候尚非朝廷硬性征收，而是山僧们自愿敬奉的，皇帝也因此对铜官山的僧侣们常有恩赐。著名的“以茶代酒”的故事就发生在这里，《三国志·吴书·韦曜[①]传》中有：“皓每飨宴，无不竟日，坐席无能否率以七升为限，虽不悉入口，皆浇灌取尽。曜素饮酒不过二升，初见礼异时，常为裁减，或密赐荈以当酒。”说的是吴国的第四代国君孙皓嗜好饮酒，每次设宴，都要求来客们至少得“灌酒”七升[②]。但是朝臣韦曜酒量很小，无法完成，孙皓器重韦曜博学广闻，不想为难他，常常暗中帮忙，每当韦曜不胜酒力之时，孙皓就让他“荈以当酒”，用茶汤来糊弄群臣。

中国在两汉以后，发明了制作饼茶的工艺。三国时期魏国张揖的《广雅》中有：“荆、巴间采叶作饼，叶老者，饼成以米膏出之。欲煮茗饮，先炙令赤色，捣末置瓷器中，以汤浇覆之，用葱、姜、桔子芼之。”即先把茶鲜叶捣烂，做成一个茶饼，茶饼以表面有糊状膏汁渗出为佳。吃的时候，先将茶饼炙烤干燥，捣碎成末，放在瓷器中，浇上开水，还可以撒上一些带有香辛味的植物作为佐料……这是世界上关于茶的制作和饮用最早的文献记载了，距今已有近两千年历史了。

《晋书》记载：“吴人采茶煮之，曰茗粥。”说的是煮茶吃叫茗粥。“茗粥”是什么？怎么煮？关于粥的文字，最早见于《周书》：“黄帝始烹谷为粥。”所谓粥，是采用淀粉类谷物熬煮而成的，而茶叶并不含有淀粉，如果单纯采摘了新鲜的茶树叶子，用水来煮的话，自然是不可能煮出粥来的，除非把茶叶与谷物放在一起熬煮，但是文中又未见有谷物类的物事出现。那么，这里还有一种可能，那就是这个“茗粥”并非是含有谷物的粥，而是末茶，

---

① 韦曜（约 204—273），本名韦昭，字弘嗣，吴郡云阳县（今江苏省丹阳市）人，三国时期吴国重臣。
② 各朝代计量单位的换算各不相同。三国时 1 升约合 200 毫升。

煮的是末茶，末茶煮好后表面浮着厚密的泡沫，极其像粥，宋朝的很多诗赋中所述的“粥面”就是这个意思。那么所谓的“茗粥”，并非是把茶叶放在谷物中熬煮成粥，而是单纯的煮末茶，煮成的末茶表面的泡沫形似粥面。

晋代杜育[①]《荈赋》中对末茶有更为细腻形象的描述:“灵山惟岳，奇产所钟。厥生荈草，弥谷被岗。承丰壤之滋润，受甘霖之霄降。月惟初秋，农功少休，结偶同旅，是采是求。水则岷方之注，挹彼清流。器泽陶简，出自东瓯。酌之以匏,取式公刘。惟兹初成,沫沉华浮,焕如积雪,晔若春敷。”[②]这是世界上最早的描写末茶的诗赋作品，短短一百余字，却浓缩了晋代治茶的全部。包含了茶叶的生长环境、采茶的季节、采茶人的心情、烹茶用水、茶器选用、候茶方式、茶汤之美共七个方面的内容：

（1）茶叶的生长环境：灵山惟岳，奇产所钟。厥生荈草，弥谷被岗。承丰壤之滋润，受甘霖之霄降。

（2）采茶的季节：月惟初秋，农功少休。

（3）采茶人的心态：结偶同旅（结伴出游），是采是求。

（4）烹茶的用水讲究：水则岷方之注（山间清泉），挹彼清流。

（5）茶器选用：器泽陶简，出自东瓯（茶器产地）。

（6）候茶方式：酌之以匏（煮之分之），取式公刘。

（7）茶汤之美：焕如积雪，晔若春敷（视觉享受）。

诗赋形容末茶煮成后的视觉美：“惟兹初成，沫沉华浮，焕如积雪，晔若春敷。”把末茶的泡沫形容为色白若积雪、灿烂如春草。

《晋书》与《荈赋》是同一个时代的作品，由此可见，两晋南北朝时期，茶道已经初具形式。杜育对茶的采摘、选水、择器、烹煮、候汤等一系列制茶内容都已经相当娴熟，杜育应该可以被称为中国历史上最早的茶学专家，最早的茶人。通过《晋书》和《荈赋》，我们看到晋代的人们吃的末茶已经相当细腻，若非如此，不可能出现如粥面般浓厚的泡沫。

---

① 杜育（？—311），字方叔，襄城郡定陵县（今河南省叶县）人，西晋茶学家。

② 见陈彬藩《中国茶文化经典》，光明日报出版社，1999年版。

第二节　末茶的碾磨

古人是用什么来碾磨末茶的？这些工具究竟有什么优势，以至在现代化工业生产的今天依然“宝刀不老”？

自古以来，啜英咀华、品吃末茶都属于高端享受，先人们乐此不疲。末茶不同于散茶、粗茶，细度，从来都是饮品末茶的重大要素。泡沫是末茶的精华，称为沫饽，薄的称为沫，厚的称为饽，厚细的称为花。陆羽在《茶经》里这样赞咏末茶的泡沫：“沫饽，汤之华也。华之薄者曰沫，厚者曰饽，轻细者曰花，如枣花漂漂然于环池之上，又如回潭曲渚青萍之始生，又如晴天爽朗，有浮云鳞然。其沫者，若绿钱浮于水湄，又如菊英堕于樽俎之中。饽者，以滓煮之，及沸，则重华累沫，皤皤然若积雪耳。”末茶的泡沫非常美丽：末茶之花，就如同飘落在池塘水面的嫩绿色的枣花，如同潭水中新嫩的浮萍，又如同爽朗蓝天上的轻云；末茶之沫就像绿色的铜钱草浮于水面，又如同菊花坠落于碗中；末茶之饽，又厚又密，如同皑皑的白色积雪。

美亦美兮，要得到如此这般的沫、饽、花，茶饼的粉碎是关键。为了获得末茶美丽浓厚的沫饽，需要足够细腻的末茶，因此对于末茶碾磨工具的研究与开发是先人们不懈追求的一大趣事。末茶的碾磨工具包含了臼、碾、茶磨（见图 1），碾磨工具的进化是中国古代茶人以及工匠们智慧的结晶。宋

臼

碾

茶磨

图 1　末茶碾磨工具的进化

朝苏东坡有一首诗诠释了这一进化过程。

次韵黄夷仲茶磨（节选）

（宋·苏轼）

前人初用茗饮时，煮之无问叶与骨。

浸穷厥味臼始用，复计其初碾方出。

计尽功极至于磨，信哉智者能创物。

注释：古人刚开始饮茶的时候，将茶直接烹煮，从来都没有去考究过其中的叶肉与梗脉。讲究吃法追求美味后开始使用石臼，经过反复的研究后又开发出了茶碾子。穷尽智慧后研制出了茶磨，相信聪明人总是能不断地创造发明。

古人为了得到最佳沫饽，对末茶细度的追求可谓孜孜不倦、锲而不舍。无论是唐朝还是宋朝，不论是用什么方式粉碎碾磨，碾磨出来的末茶都还要过筛。筛子虽然多种多样，但是筛面材料基本上都是采用丝绢。丝绢不是纱，对于筛子来说，丝绢是极其细密的筛面了，唯有如此，方能获得足够细腻的末茶，方能获得如粥面一般厚密的沫饽。

一、茶臼

古人早就发现了一些植物的种子去掉外壳后便可以获得其中含有淀粉的可食用部分，这类可以充饥的植物被统称为谷物。古人最早采用石磨盘、石磨棒来压碾谷物，以除去谷物的外壳。

根据考古学家的考证，石磨盘和石磨棒大约产生于旧石器时代末期至新石器时代早期，已经有上万年的历史了。河南裴李岗文化遗址出土的约8000年前的石磨盘和石磨棒，是迄今为止出土的最早的石磨盘和石磨棒。石磨盘和石磨棒是当时中原地区的人们普遍使用的加工粮食的工具（见图2）。

石磨盘平坦，用石磨盘碾压植物种子，种子势必容易滚落，不好收集，

图 2
裴李岗文化时期的石展盘和石磨棒（新郑博物馆藏）

于是人们便发现凹陷的碾板能够很好地收集种子，于是便有了臼，这是很了不起的发明。

《世本·作篇》载："雍父作臼杵，舂也。"雍父是黄帝的臣僚，说明臼杵发明于原始社会末期的黄帝时代。《易·系辞下》："神农氏没，黄帝、尧、舜氏作，……断木为杵，掘地为臼。"人类在遥远的过去就已经使用地臼来加工粮食了，即在地上挖一个坑，铺上兽皮或麻布，倒进谷物用木棍进行舂击。稍后发展为砍下大树的上部，留下根部的一段树桩，然后在树桩的顶部挖一个圆坑做臼，倒入谷物用木杵舂击，称之为树臼。再往后，进步成用一段粗壮的树干制作成木臼，这样的木臼是可以搬动的，更为方便了。

截至目前，国内发现的最早的石臼是柳林县杨家坪村的石臼。该石臼质地为白石砂岩，呈圆台状，通高 63 厘米，上底直径 60 厘米，下底直径 50 厘米，臼内口径 40 厘米，深 40 厘米，臼口径与深度相同，做工粗糙，没有任何纹饰。据考证，这个石臼至少有 7000 年的历史，属于新石器时代的加工工具。

石臼不但可以粉碎谷物，也可以粉碎中草药。原本是中草药之一的茶叶，最初自然也是用臼来粉碎的。柳宗元的《夏昼偶作》诗中有："日午独觉无馀声，山童隔竹敲茶臼。"袁高的《茶山诗》中有"选纳无昼夜，捣声昏继晨"。可见古人是用臼来捣研茶末的。

图 3
隋唐划花碗
（中国紫砂博物馆[①]）

中国紫砂博物馆收藏了一个宜兴宜城出土的隋唐划花碗，这个碗其实是一个碾钵，直径大约 20 厘米，高约 8 厘米，内部有规整有序的篦划纹（见图 3），接近常见的石磨的磨槽。

细观此钵，可见碾钵的形状为敞口，并不很深，比出土的石臼更加接近碗的形状。使用方法是把茶放在钵里，然后用棒杵压着茶叶在碗里画圆、碾磨，直至磨得极细，钵内部粗糙，篦划纹都是用来提高摩擦力的。由此可见，这样带有刻纹、磨槽的钵是用来磨茶而不是舂茶的，敞口的造型也更加方便利用碗壁上的刻纹，增加摩擦，达到粉碎的效果。并且，这样的陶钵（臼）与杵棒也是经不起相互“舂击”的吧。

日本人家的厨房里大都有研磨钵（すりばち），用来研磨芝麻、芥末等食物。日语中，使用这种研磨钵的动词是“すり”，其对应的汉语是“磨（mó）”。

山西洪洞的元代壁画描绘了宫廷茶房的繁忙场景，九名侍女各司其职，都在为茶会做准备，送茶的、端汤瓶的、捧茶果子的。前排的两个女子正在烧水备茶，后排右起第二的红衣女子左手拿臼，右手持杵，正在研磨茶叶（见图 4）。由于钵体开口较小，也有人认为壁画所绘内容是膳食房，持臼的女子是在捣蒜。但是，画面上所绘的吃食除了“果子”外并未见什么山珍海味，

① 宜兴陶瓷博物馆于 2013 年 11 月获批改名为“中国紫砂博物馆”。

若为皇家膳食，似乎有些太节俭、太寒酸了。

《茶经·二之具》中的“杵臼”是用来舂击蒸青过的茶鲜叶的。现今在湖南、江西等地的打擂茶使用的工具也是杵臼，原料是新鲜的茶叶或别的植物，动作是“擂”，是“舂击”。擂茶并不需要太细腻，据说吃起来有颗粒感是吃擂茶的一大乐趣。不论怎么说，《茶经》里说用杵臼来研磨的是鲜叶，而非干茶。实验证明，无论是用石臼还是碗臼，采用“擂”的方式是不太可能把干茶碾磨到足够细腻的，而使用带有刻纹或者磨槽的钵（臼）并采用画圆的研磨方式却很容易得到相对细腻的末茶。湖南、江西现在使用的擂茶的臼大多也带有刻纹，使用时采用先舂后磨的方式，可见磨比舂更容易达到细腻的程度，如果单纯是舂击的话，那么钵（臼）内部的刻纹、磨槽也就没有意义了。

图4　山西洪洞元墓壁画中的磨茶图

二、茶碾

《茶经·四之器》介绍了碾碎饼茶的工具——碾。

碾子由石磨盘进化而来。当石磨盘被长久使用，中间出现凹陷的时候，自然需要一个中间粗大两边细窄的石棒，这时候，碾子及碾轮的雏形就呈现出来了，中轴可以转动的碾轮无疑比不可转动的碾轮更加省力方便。

中国使用大石碾的历史可以追溯到非常久远的时期，用石碾来加工粮食，一般使用人力或畜力。石碾曾是农村地区最为普遍的加工粮食的石制工具。据北宋文献记载，当时的农村中几户人家合用一个大石碾，盗窃石碾是要被定罪的。这种石碾是石磨盘的放大版，因为石棍变得更加粗大，所以它的一头固定在石碾盘的中心，另一头由多人或者利用畜力来拉动。

《茶经·四之器》中描述了碾碎饼茶使用的木碾："碾，以橘木为之……内圆而外方。内圆，备于运行也；外方，制其倾危也。"外形为方，与地面的接触面积大，易于稳定；内槽为圆，方便碾轮的运行，也方便粉碎后末茶的收集与清扫。碾磨末茶的碾子中间是凹陷的碾槽，碾轮"形如车轮，不辐而轴焉"，如同一个无辐的车轮，中轴两侧带把手，碾轮放入碾槽，双手握着把手做往复滚压动作，获得的粉碎物自动集中在碾槽内，不会滚落到碾子外部。陆羽选用的碾是木制的，而非石碾，是因为木碾更具有柔性，使得碾轮可以更大面积地吻合于碾槽，以更加快速地获得更细腻的粉碎物。

唐诗中对使用茶碾粉碎末茶有不少描述：

煎　茶

（南唐·成彦雄[①]）

岳寺春深睡起时，虎跑泉畔思迟迟。

蜀茶倩个云僧碾，自拾枯松三四枝。

---

① 成彦雄，五代时人，南唐进士。

故人寄茶

（唐·曹邺[①]）

剑外九华英，缄题下玉京。
开时微月上，碾处乱泉声。
半夜招僧至，孤吟对月烹。
碧沉霞脚碎，香泛乳花轻。
六腑睡神去，数朝诗思清。
月余不敢费，留伴肘书行。

《故人寄茶》描述了诗人与僧友月夜吃茶的场景。天上月光一泻千里，照在地上树影婆娑，近处泉声潺潺，好一个雅韵情境。诗人手下的碾轮发出悦耳的喳喳声，却与流水的声响不合拍，“碧沉霞脚碎，香泛乳花轻”与《荈赋》中对末茶泡沫的描述是一致的。让人震惊的是，吃一次茶竟然能够令人“诗思清”，真是太诱惑人了，难怪古代的文人墨客都对吃末茶如醉如痴。

纵观古画中出现的茶碾，大体可分为以下三类。

1. 水平碾

宝鸡法门寺出土的唐朝皇家茶具中有一个鎏金鸿雁纹银茶碾子（见图5），它通身银白色，上面镶嵌着金黄色的天马、鸿雁、灵芝状祥云等图案，碾轮的周边还有极细极细的压纹。碾子设计精巧,碾槽带有一个可移动盖子，碾磨结束后可以取出碾轮，直接合上盖子，方便临时存放。碾槽下方的支撑框有很多漏窗，碾轮滚动时必定会发出巨大响声，有了漏窗便可以将响声及时释放出来，避免在空腔里造成太大的音响效果。整个碾子设计合理，制作精美，不愧是皇家御制，其豪华、精美程度与民间所用真不可同日而语。

法门寺出土的这个鎏金银茶碾的碾槽基本上为水平，碾轮的轴柄是固

---

① 曹邺（约816—875），字业之，一作邺之，桂州（今广西桂林阳朔）人。唐代诗人，与刘驾、聂夷中、于濆、邵谒、苏拯齐名。曾任吏部郎中、洋州刺史、祠部郎中等职务。

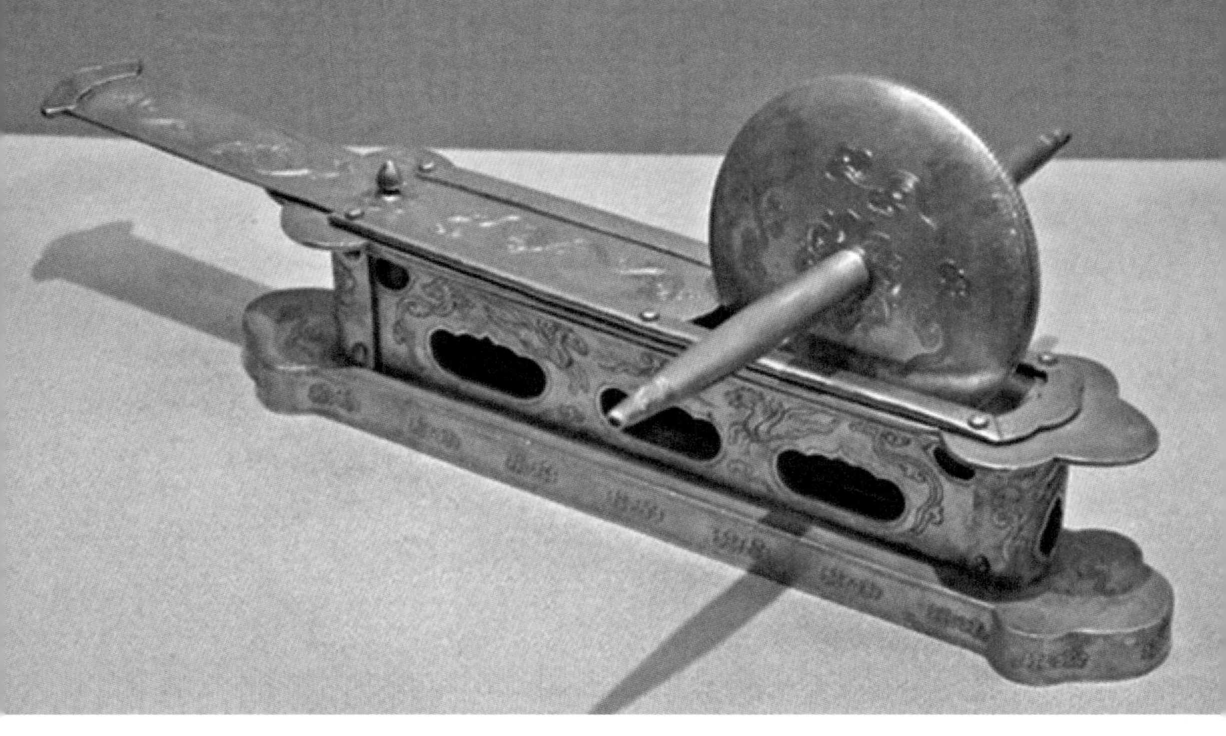

图 5　鎏金鸿雁纹银茶碾子（陕西省宝鸡市法门寺出土）

定的。陆羽《茶经》中描述的碾子为“轴中方而执圆”，这样的设计对碾茶人的技术要求可能会比较高。在碾茶时，手柄握得太紧碾轮便无法转动，握得太松则难以施力，碾不碎茶叶，使用这样的碾子需要执轴柄不松不紧，既能够让碾轮轴柄在手心里转动，又能使上力气，才能达到碾磨效果。

中国茶叶博物馆收藏的唐代瓷茶碾（见图 6）也是水平碾，轴柄插入碾轮，碾轮轴在碾轮中是可动的。

图 6
唐代瓷茶碾
（中国茶叶博物馆藏）

2. 可动轴柄碾轮

辽墓出土的壁画中有一个小童用陶碾碾茶的场景，该小童所使用的陶碾为红砖色，碾轮装在一个“日”字形的框架之中，“日”字形框架的中间横梁为碾轮的轴柄，轴柄穿过碾轮，碾轮可以在轴柄上自由地转动，碾磨者只需抓住碾轮的框架推拉，碾轮便能够在碾槽里做往复运动，需要的时候还可以两个人面对面地一起推拉碾轮，从而更加轻松省力地碾磨（见图 7）。

图 7
辽墓壁画中的陶碾

3. 弧形碾槽

宋代《五百罗汉图》里绘有小鬼碾茶的场景（见图8）。一个长有双角和獠牙的小鬼正在碾茶，小鬼肌肉发达，面带微笑，似乎很热衷于自己的劳作。碾子的材质为铸铁，碾槽的底部前后有支撑片，看上去并不很厚的支撑片与地面的接触面积不大，但由于支撑片很薄，所以实际使用中支撑片会嵌入地面，反而可以形成更大的阻力。画面上除了碾子以外，还有木待制、茶盒、罗合、勺子、棕帚等多种出现在审安老人《茶具图赞 · 十二先生》图中的茶器。

值得注意的是小鬼使用的这个船形碾子像一个两头翘的月牙，弧度很微妙，如果以小鬼的肩膀为圆心，手臂为半径，弯月形的碾槽正好是圆周的一部分，碾轮也安装在“日”字形碾轮架中，“日”字形碾轮架也设计成

图8　小鬼碾茶图（宋《五百罗汉图》局部）

两头翘中间低，非常便于人们把持和施力。小鬼只需抓住“日”字形碾轮架，将自己身体的重心倾向碾子便可以实现碾磨，实为最省力的方法。

两头翘的船形月牙碾应该是茶碾的又一次进化了。在《五百罗汉图》中有多个小鬼碾茶的场景，使用的碾子大多为相同形制。

明代《天工开物》中绘有一幅古代制墨的碾磨场面（见图9），其中碾磨原料的石碾设计非常精巧，碾轮十分巨大，为了安定起见，碾槽是水平的。巨大的碾轮通过轮轴固定在一根长长的摇动臂上，后侧有一根固定的巨木，巨木的顶部用三根木头做出一个小空间。摇动臂的下部连接着一根长长的水平拉杆，四个工匠分站在拉杆的两边，一起推拉拉杆，带动碾轮在碾槽里来回碾压，摇动臂的顶部穿在巨木顶部由三根木条构成的三角形空间之中，不但保证了巨大的碾轮可以直立不倒，同时使得摇动臂的长短（半径）可变……由于摇动臂的长短可变，所以实质上起到了与圆弧形碾子同样的功效，使用起来方便又省力，生产效率明显很高。

图9 明代《天工开物》插图

三、茶磨

石磨是用来碾磨、粉碎米、麦、玉米等含淀粉的物料的。石磨可以做得极大，甚至直径超过一米，由多人牵动或者使用畜力、水力来牵引转动。石磨上磨的底部中央有一洞孔，下磨的中央伸出一根芯棒，正好插入上磨底部的洞孔里，使得上磨可以循着圆心转动。上磨靠近圆周的地方凿有贯通的孔，该孔用来投料，称投料孔。投料孔的底部凿有由深至浅的水滴状凹陷（见图 10），用来逐步分散从投料孔落下来的物料，达到初级粉碎的效果，由深至浅的水滴状凹陷同时还能把初级粉碎后的物料均匀地分散到磨面，并将它们进一步碾磨。

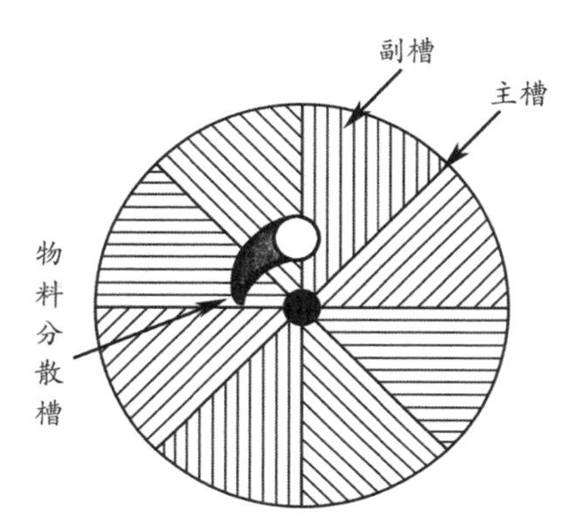

图 10　加工米面的普通石磨的上磨面

1. 石磨的起源

石磨，古代称作石硙，它究竟诞生于什么年代？据《世本·作篇》记载："公输作石硙。"说是公输般发明了圆形石磨。如果是这样的话，那么圆形石磨在中国战国早期（约前 475—前 376 年）即已有之。《公输》[①] 记载，墨子曾经与公输盘就攻城方法有过讨论。有人说公输盘就是鲁班（鲁般）。历史上的鲁班可能确有其人，他有过很多发明，被建筑工匠们尊为祖师爷。山东济南千佛山有个鲁班祠，传说公输般晚年隐居于此，并在此成仙。也有人认为鲁班、公输般是两个人。晋人葛洪《抱朴子·内篇·辨问》中说："班、输、倕、狄，机械之圣也。"鲁班、公输般、巧倕、狄墨翟这四个人都是机械方面的能人、圣人。古乐府诗曰："谁能为此器，公输与鲁班。"在这里都把鲁班、公输般视为两人，主张不能将公输般的发明创造记在鲁班的头上。鲁班、公输般到底是一个人还是两个人，目前仍是一个"悬案"。唐代段成式《酉阳杂俎》中记载了一个叫鲁般的敦煌人："鲁般者，肃州敦煌人，莫详年代，巧侔造化。于凉州造浮图，作木鸢，每击楔三下，乘之以归。"这个多艺多才的敦煌人鲁般是古代众多"鲁班传说"之一，他很可能是一个学鲁班的人，

① 见《墨子全译》，周才珠、齐瑞端译注，贵州人民出版社，2009 年版。

也可能就是鲁班本人。

迄今为止，中国考古出土的石磨，以陕西临潼郑庄村秦代石料加工场遗址出土的为最早。同时，在汉代墓葬中也曾经发掘到作为明器的石磨（见图 11），据此可以推断，我国开始使用圆形石磨最晚是在秦汉。

图 11　洛阳出土的汉代石磨

欧洲大陆大约在公元前 1000 年就开始使用石磨了，公元前 300 年左右，石磨在欧洲已经相当普及了。因此，日本的石磨专家三轮茂雄教授推论中国的石磨来自欧洲，是汉朝时沿着丝绸之路来到中国的。

三轮教授说中国的石磨来自欧洲的依据是：欧洲出土的石臼、石磨盘、石磨等文物佐证了欧洲石磨的进化、发展的完整轨迹（见图 12~ 图 14）[①]，而中国迄今为止发掘出土的石臼石磨类文物之间还缺少一些过渡的形制。中国的石磨的进化是"跳跃式"的：从石臼直接发展到了碾子，又从碾子直接跳跃到了石磨。

---

① 三輪茂雄『臼』，财团法人日本政法大学出版社，1978 年版。

圆形的、上下两片形制的石磨由丝绸之路进入中国之说与唐代段成式的《酉阳杂俎》中关于鲁般是甘肃敦煌人的记载又似乎吻合，当然，此鲁般与彼鲁班是否是同一人还有待考证。

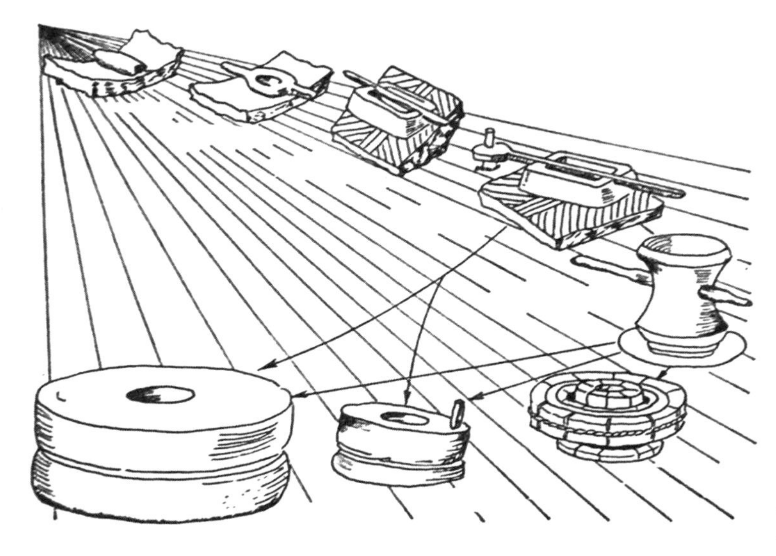

图12　出土文物所见欧洲石磨发展轨迹

又有论述表示，上述这种认为石磨是从欧洲传入我国的观点已经被国内的考古发现所否定，只不过还没有公开相应的佐证，笔者相信，不久的将来必定有更多的新史料与文物被发现、被公开，以验证中国石磨的进化历史。

图13　欧洲出土的公元前4世纪的陶钵上的推磨图

2. 茶磨的特征

茶磨源于石磨，虽说石磨的由来还有待考证，但是茶磨却千真万确是华夏文明的伟大创造。在古代的诗画中经常可以看到茶磨的身影，宋朝画

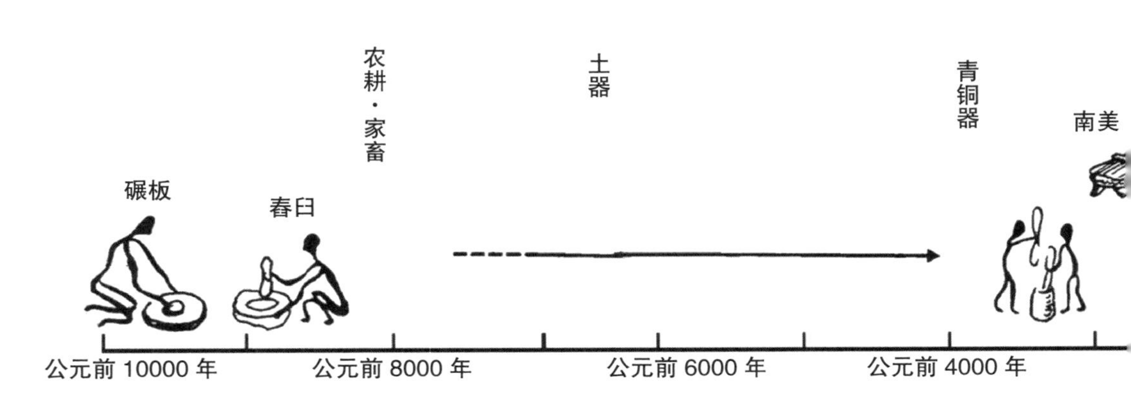

图 14 石磨万年史[①]（改绘自『粉の文化史』插图，笔者译）

家刘松年的《撵茶图》里就有一个漂亮的茶磨（见图 15）。对末茶细度的追求，对末茶碾磨工具的开发，是文人群体的一大乐趣。苏轼的《次韵黄夷仲茶磨》中讲述了中国古代碾磨末茶的工具是如何一步一步从臼进化到茶磨的：最初使用石臼，然后进化到碾子，最终出现了茶磨。

茶磨也称“硙”“碨”，黄庭坚有诗《双井茶送子瞻》云：“我家江南摘云腴，落硙霏霏雪不如。”陆游的《喜得建茶》中“雪霏庾岭红丝碨，乳泛闽溪绿地材”，说的是制作茶磨的石材带有红色纹路。

虽然在相关文献中经常会看到茶磨的身影，但是这些文献以及传世古画对于茶磨的式样、规制都缺少详细的记载与描绘。

① 三輪茂雄『粉の文化史』，株式会社新潮社，昭和 62 年（1987 年）版。

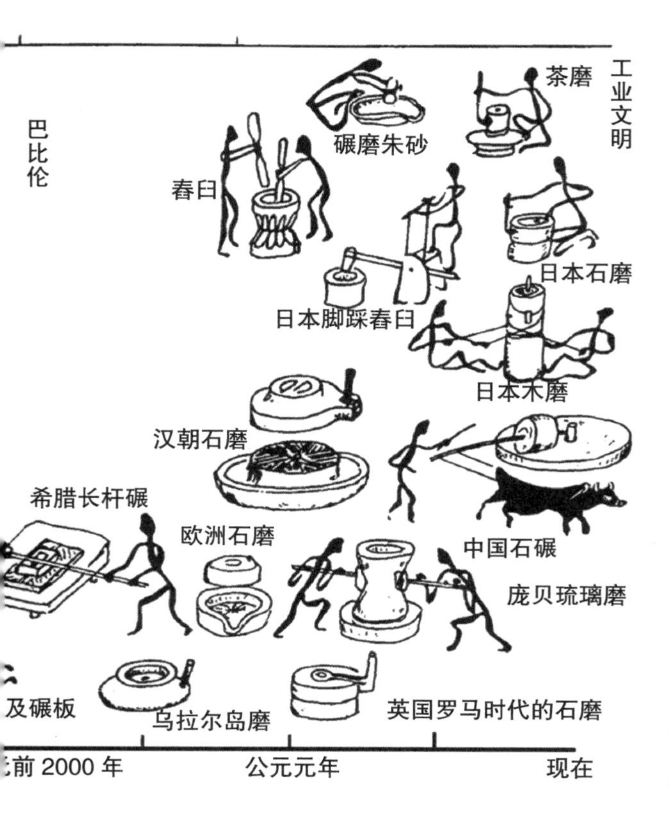

茶磨与我们平时看到的磨豆浆、磨米面的石磨完全不同（见图16、图17），米和面都是含淀粉的植物，而茶叶里不含淀粉，纯粹是植物纤维。所以茶磨的碾磨对象与一般石磨不同，它的制作方法自然也不同。

茶磨的制作极其烦琐，尤其是其精密程度，令人生畏，这也是中国长久以来茶磨普及非常缓慢的原因。我们在整理文献时，从来没有在宋朝以前的诗文图画中看到过有关茶磨的记载，以致人们误以为茶磨是在宋代才面世并开始使用的，这一点还明确记载在日本的石磨专家三轮茂雄的专著中。

茶磨的特征主要表现为以下几个方面：

特征一：自古以来，真正的饼、团茶都是价格十分昂贵、数量有限、不易获得的珍贵物品，所用茶磨的体量不需要很大，太大了也不易推动。目前考古出土的古茶磨，磨面大多不超过20厘米。笔者体验过直径接近20厘米的茶磨，勉强能推动，且非常沉重，但碾磨效果很好，上下两片石磨之间出来的末茶确实如古诗中所述，是薄片状的，并且绝对不是飘洒出来的，而是被“推挤”出来的。

特征二：上磨正中央有一个贯穿孔，并且仅有此一个孔，此孔既是投料孔，也是芯轴孔。

特征三：下磨中央伸出的芯轴为木制，正好插入上磨的芯轴孔内，芯轴的高度以略低于叠放后的上磨入料口的高度为佳，可以方便碾茶进入茶磨。

图 15　宋《撵茶图》中的茶磨

图 16　笔者参与制作的茶磨

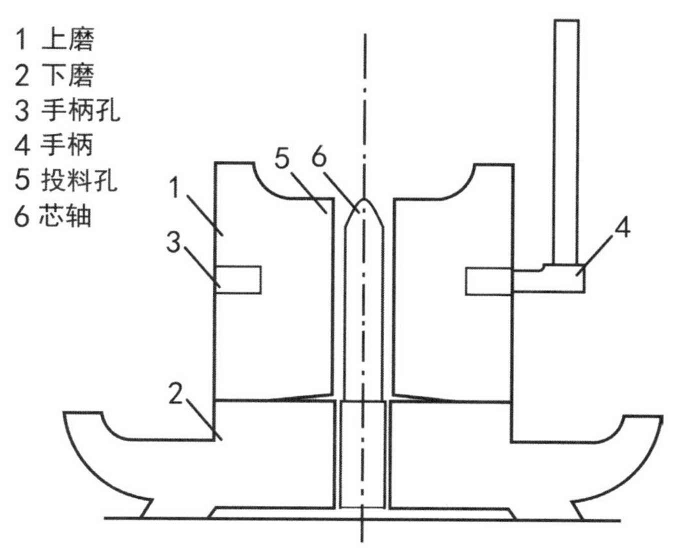

图 17 茶磨截面图

特征四：茶磨制作时上下磨面的磨槽是相同的，一般分成八个区面（见图 18），上下磨的磨槽一旦合拢，磨槽方向便正好相反，上磨逆时针转动，茶原料从中央投料孔落下后，便被相交的磨槽剪断、碾碎，同时被逐渐推出茶磨。

特征五：上磨投料孔略大于下磨的芯轴，使得芯轴的周边有一定缝隙，抓住上磨手柄，按照逆时针方向转动时，在力的作用下，上磨有序地偏向一边，行走成一条不规则的椭圆形轨迹。随着上磨的偏移，芯轴的受力一边就会依序出现较大的缝隙，茶叶就沿着这缝隙掉落到下磨的磨面上，这也就是茶磨用的原料必须十分平整、不可揉捻的原因。起皱的茶叶会卡在芯轴边的缝隙里，不易掉落，所以，现今经过叶打机处理过的碾茶、片茶都不适合用于茶磨碾磨。

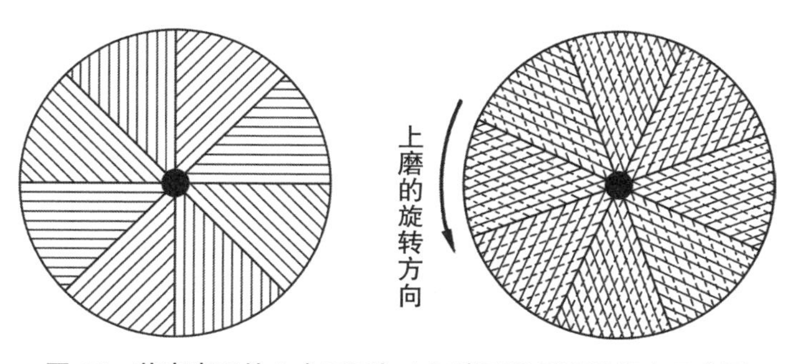

图 18 茶磨磨面的八个区面与上下磨重叠后磨槽相交示意图

上磨投料孔与下磨芯轴之间的缝隙大小要恰到好处，缝隙太大了，物料下落的速度快，来不及碾细就被源源不断落下来的茶叶推出磨槽。由于茶磨构造的特殊性，这些粉末往往出不了茶磨，最终只能堆积在茶磨之中，甚至把上磨给“抬”起来，而出不来的粉末也会因为石头摩擦生热导致温度过高而出现焦黑的现象，完全不能食用。这就对芯轴的粗细提出了很高的要求。

特征六：要想得到极其细腻的末茶，上下两片茶磨的研磨面必须平整且严密吻合，上下磨片吻合后，边缘部分不可有缝隙。一台精密的茶磨，即使在上磨的中央投料孔倒入一杯水，水也不会从两片磨面之间流出来，这才是最理想的状态。

特征七：磨面的边缘留有一定宽度的无槽区（见图 19）。人们发现被长久使用的茶磨磨出来的粉末更细，长久使用后的茶磨会被磨损，其磨损是从茶磨的边缘开始的，边缘部分的磨槽逐渐被磨损，出现无槽区，所以有的工匠会直接在茶磨的磨面上制作出无槽区。带有无槽区的茶磨对磨面的平整度、对磨槽的宽度和深度的要求更高，处理不当很容易发生茶粉被堵在磨槽内出不来的情况。用于碾磨米面的石磨由于谷物本是淀粉而非纤维，所以不需要无槽区（见图 10）。

茶磨制作工艺复杂而精密，对石匠的技术要求非常高，物以稀为贵，古时茶磨便成为显贵阶层的奢侈品。

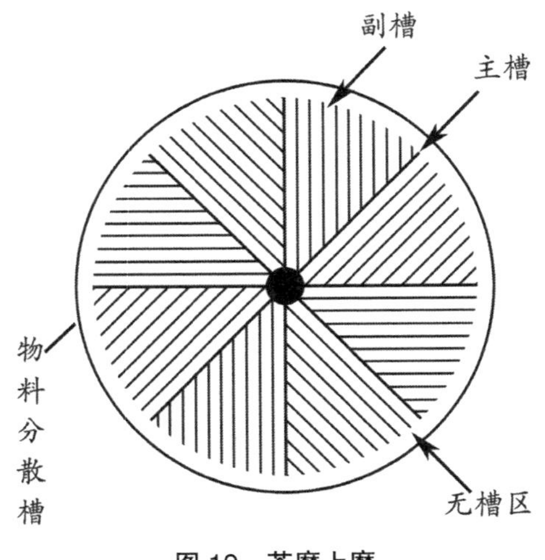

图 19　茶磨上磨

3. 茶磨东渡

当中国茶文化随着海上贸易的频繁往来逐渐传递到周边国家的时候，茶磨也随之进入日本与韩国僧侣和上层贵族的视线。

1975 年，几个韩国渔民在新安外方海域发现一艘沉船，考古队员从沉船里发掘出了 20000 多件瓷器，2000 多件金属制品、石制品和大量的紫檀木，还有约 800 万件、总重量达 28 吨的中国铜钱，最有趣的是其中还有两个黑色的茶磨。

这一发现震惊了全世界。据考古人员的考证，新安沉船是 1323 年前后从中国的庆元（今宁波）出发，前往日本福冈的国际贸易商船，途中因台风等原因，最终沉没在当时高丽的新安外方海域。

自秦汉或者更早时期，中国和朝鲜、日本之间就有船只往来。从中国东南沿海出发的船只经常在夏季乘着东南风漂洋过海，这些船只先驶往朝鲜半岛西南端附近的一个被称为“カラ（kara）”（汉字为“伽罗”）的小岛，再从这里向南，穿过朝鲜海峡，驶向日本九州北部的博多港，或者笔直北上，到达朝鲜。日本人把来自中国的舶来品都称为“唐物”（karamono）。这里面有两层意思，在日语里唐朝的“唐”可以被读作“kara”，而开往日本的中国船只途中必须要停留在朝鲜的伽罗岛补充物资，伽罗岛也读作“kara”。所以日本人把来自唐朝的宝物都称作“唐物”，后来把从宋、元、明输入的中国舶来品乃至西洋舶来品都叫作“唐物”了。

过去，“唐物”风靡日本几个世纪，日本官宦士族连同皇室成员都对“唐物”满心向往，“喉から手カ出す”（恨不得从嗓子里伸出手来，形容迫切地想要得到），充满了占有欲。舶来品能够到达日本，经历了艰难险阻，对于物产并不丰富、文化又比较落后的日本来说，舶来品都是稀世珍宝，高价难攀，一般人很难得到。茶磨被称为“唐茶臼”，连同后来日本人仿制的茶磨（见图 20）也依然沿用“唐茶臼”的称呼。

笔者在日本使用过茶磨，并参加过茶磨的制作，可是回国后却遍访未遇，怎么都没有找到古茶磨的踪迹。中国自明初朱元璋禁茶，便鲜有茶磨了。茶磨因为形制限制，又比较迷你，所以使用范围极小，除了碾磨茶叶

图 20　日本工匠制作的茶磨

外，完全不适合碾磨米麦类谷物，一旦失去了碾磨茶叶的用途后便丧失了生存的理由。

几百年来，中国人的世界里几乎看不到茶磨，以至到了近代，人们都不知道何为茶磨，每每想到此，都不禁令人深感痛惜。

茶磨二首（其一）

（宋・梅尧臣[①]）

楚匠斫山骨，折檀为转脐。
乾坤人力内，日月蚁行迷。
吐雪夸春茗，堆云忆旧溪。
北归唯此急，药臼不须挤。

注释：

山骨：山石。楚地的石匠雕琢山石为磨。

脐：石磨之芯轴，用檀木为之。

雪：茶磨磨面中被推挤出来的白色末茶薄片如云似雪。

北归之旅携带茶磨最为要紧，石臼就不必凑热闹了。

日本同志社大学已故教授三轮茂雄是日本石磨研究方面的专家，曾带领研究生团队对茶磨进行了长达十多年的研究，最终得出一个结论：对于抹茶[②]的碾磨来说，至少目前，没有任何机械能够超越茶磨。

为什么会是这样呢?

第一，细度。茶磨可以碾磨出 2 微米以下细度的末茶，这对于其他机

① 梅尧臣（1002—1060），字圣俞，宣州宣城（今安徽省宣城市宣州区）人，北宋官员、诗人。
② 日本称末茶为抹茶。

械而言是望尘莫及的细度。或许在研究室里，采用其他的设备能够获得更细的茶叶粉末，但是要用在规模生产上却几乎不可能。

第二，温度。众所周知，茶是一种很奇特的植物，对茶来说，适当的温度可以起到提香的作用，但温度太高又会诱发氧化发酵。金属器械在运行中会因摩擦产生高温，高温会破坏植物中的叶绿素，茶就会变成黄色或褐色。石磨在碾磨的过程中也会发热，但有趣的是，天然石材的摩擦温度在达到其上限温度后便不会再继续上升，而这茶磨的上限温度恰好是末茶最合适的提香温度。所以，有经验的碾磨师会先用冰凉的茶磨碾磨低端的原料，等茶磨达到一定温度后再碾磨高级的原料，这样便能够更有效地碾磨出上好的末茶来。

第三，喉感。喉感似乎是一个只能意会而难以言表的感觉，或许会有人侧目，不以为然：常说人有五感，怎么多出一个喉感来了？若是把石磨碾磨的末茶和其他机械粉碎的末茶一起放在400倍以上的显微镜下进行对比，可以看到石磨末茶的外形为“不规则撕裂状薄片”，而其他机械粉碎的末茶的外形则是球形或是圆柱形。据专司品尝末茶的师傅们说，吃石磨末茶的时候，下咽的一刹那，喉咙被茶滑过的那一瞬间是极其享受的。

4. 昆山片玉茶磨

两年前，笔者得到一个消息，广东的惠州博物馆收藏有一个“特殊的石磨”，于是立刻与惠州博物馆取得了联系。

1954年冬，广东省惠州市梁化镇修水库时挖出了一批文物，其中有西周青铜鼎、唐代陶瓷碗等，还出土了一个很奇特的石磨。据专家们考证，此石磨的年代为唐朝，“是一只形制很特别的石磨，该石磨制作工艺精湛，能代表唐代石磨制作的较高水平，目前为止仅发现一件，具有极高的历史与研究价值”[①]。该石磨成为惠州博物馆的镇馆之宝（见图21-1）。

虽然在惠州博物馆网站的解说词里没有说这是茶磨，但是笔者看到照

① 引自惠州博物馆“昆山片玉茶磨”的展品说明文。

片的时候，按捺不住心里的狂喜，这不正是自己苦苦寻觅多年的茶磨吗？这是在中国大地上出土的中国的茶磨！

该茶磨直径 45 厘米，高度 29.9 厘米，茶磨取形于莲花，磨盘也是莲花的造型，下磨盘外沿雕刻着花纹，形如花瓣，磨面略高于磨盘的外沿，中间是磨面，磨面直径 20 厘米。上磨顶部的物料堆放口雕琢成一朵盛开的莲花（见图 21–2），有五个花瓣，花心是投料口。茶磨的手柄孔部凸出，雕琢成圆形铜钱纹，上面刻有“昆山片玉”四个字，中心是正方形手柄孔（见

图 21　唐茶磨——昆山片玉（惠州博物馆藏）

图21–3)，对等处的凸起装饰物是一朵下垂的半开莲花(见图21–4)。手柄孔处的凸出装饰物可以弥补手柄孔的重量缺失，而对等处的凸出装饰物可以使得茶磨在运行中两边的重量对等，以保持平衡。

莲花的造型与装饰象征着茶与佛教文化的关联，“出淤泥而不染”的莲花是佛教离尘脱俗、清净往生思想的体现，也是很多文人墨客的风雅归所。

茶磨盘边缘上的辅助装饰纹为卷草云雷纹(见图22)，还有祥云纹和连续的草叶等。以忍冬、兰花等枝茎构成的卷曲连续的图案，盛行于唐、五代，是随着佛教艺术的输入在我国出现的一种装饰样式，中国末茶文化发

图22　茶磨盘边缘的卷草云雷纹

展史中禅林的推动作用在这个茶磨上也可见一斑。

宋朝诗人梅尧臣的《茶磨二首》(其二)，描绘的几乎就是这样的一个茶磨。

茶磨二首(其二)

(宋·梅尧臣)

盆是荷花磨是莲，谁砻麻石洞中天。

欲将雀舌成云末，三尺蛮童一臂旋。

“昆山片玉”出自西晋的一个典故。晋代时还没有科举考试制度，晋武帝司马炎欲求天下贤才，便命大家“举荐”。当时的吏部尚书崔洪推荐了一个山东人叫郤诜，后官拜议郎、尚书左丞。郤诜外放雍州刺史时，司马炎为他设宴送行，闲聊中司马炎问：“卿自以为何如?”郤诜谦虚地回答：“臣举贤良对策，为天下第一，犹桂林之一枝，昆山之片玉。”意思是自己不过是众多优秀者之一，并无什么特别。晋武帝对他的回答很是赞许。昆仑山脉自古以出佳玉闻名，其中以新疆和田玉色泽最为温润，质地最为细腻，《千字文》中就有“玉出昆冈”之说。郤诜自比月中桂树的一根小枝丫、昆山美玉的一个小碎片，这是谦虚，也是自信，因为即使是小枝丫，那也是月桂之小枝丫，即使是小碎片，那也是美玉之小碎片。

在古代，茶磨极其珍贵，该茶磨其实并非玉石雕琢而成，但无论是什么石头，一旦被雕琢成了茶磨就身价百倍，也不逊于玉了。

很多宋代的诗人为我们描述了茶磨，让太多的人都误以为中国使用茶磨始于宋朝，而惠州博物馆的莲花茶磨把中国茶磨的历史一下子从宋朝推到了唐朝，前移了几百年。

5. 绿毛龟茶磨

有了“昆山片玉”的经历，笔者便特意进行了详细的检索，果然，又有了令人瞠目的发现。

建造长江三峡大坝时，有很多村庄都被迁移了，国家对沿途一些有价值的古墓进行了抢救性发掘。2003 年，在对重庆市万州区陈家坝晒网村瓦子坪遗址进行考古发掘时，发现了一片形制特殊的上磨，据专业人员考证，年代为东晋。

笔者从照片判断，这是一片茶磨的上磨，其形制与昆山片玉茶磨一样，上磨只有一个贯穿的孔，并且贯穿孔在石磨的中央：“这是一扇茶磨!”

万州茶磨两侧的把手处雕琢有饰纹，它巧妙地将其分别造型为头和尾（见图 23）。有人说是狮首、狮尾，也有人说是龙首、龙尾。笔者细观此磨，认为它既不是龙，也不是狮子，因为没有发现龙的代表性特征——龙角、龙尾，也没有看到狮子的代表性特征——鬃毛。虽然说艺术造型大可夸张与抽象，但龙和狮子的尾巴都不是可以卷曲成螺旋状细丝的。笔者觉得它更像是一只绿毛龟（见图 23–1）。绿毛龟在古时候是吉祥物，龟背上，特别是靠近尾部的龟背上会长出长长的绿毛（一种藻类），这些绿毛倒是可以卷曲成螺旋状（见图 23–4）。

图 23　东晋茶磨（重庆三峡移民纪念馆藏）

该上磨直径 20 厘米，高 14.5 厘米。作为一扇普通碾磨粮食的石磨似乎太迷你了，但是作为一扇茶磨却已然不小了。虽然这个绿毛龟茶磨的磨面严重磨损（见图 23–2），但是仍然可以看出是八个区分。从磨齿的磨损情况来看，这茶磨应该被长期使用过。让人有一些疑惑的是，在东晋人们就用这个石磨来碾磨茶叶了吗？还是碾磨中药，抑或是香料，还是两者皆有？但如果是用来碾磨茶叶的话，应该不会去碾磨其他的物品，因为茶叶接近任何有气味的物品都会造成串味，破坏茶的天然香气。

既然是晋代的茶磨，令人不禁又要回头再去细细揣摩一番杜育的《荈赋》："惟兹初成，沫沉华浮，焕如积雪，晔若春敷。"如此妙不可言、如雪似云的沫饽，所用的末茶必须是极其细腻的吧？若是没有如此这般精细的茶磨来碾磨的话，还真不敢想象。

万州绿毛龟茶磨一下子把我国茶磨的历史又向前推移了三百年！

随着茶磨的问世，茶碾、茶臼便受到冷落甚至被遗弃了。苏轼在《次韵黄夷仲茶磨》的后半部分描述了碾子被遗弃的悲惨场景。

次韵黄夷仲茶磨（节选）

（宋·苏轼）

破槽折杵向墙角，

亦其遭遇有伸屈。

注释：破损的碾子、折断的杵被丢弃在墙角。其中起伏变化的遭遇实在是一言难尽。

6. 制作技艺的发展

对比晋朝与唐代的两盘茶磨，我们可以看到古代茶磨制作工艺的进步与飞跃。

晋朝的万州绿毛龟茶磨的磨体有明显的倾斜，从外形来看，龟头的体积是龟尾的数倍（见图 23-3），龟头部分自然会重很多，因而长期使用后整个茶磨就向龟头方向倾斜了。

唐代的昆山片玉茶磨两侧对称的手柄孔处也都雕琢着明显凸出的纹饰，特别是下垂的莲花，明显比手柄处"昆山片玉"四字的铜钱纹饰要大而重，但是磨体却没有发生倾斜。

仔细对比两盘茶磨可以发现，虽然茶磨两侧的饰纹重量同样有很大区别，但是哪一侧重，哪一侧轻，却正好相反。

为什么会这样呢？

我们有理由推断：昆山片玉茶磨手柄孔处的铜钱纹饰虽然比另一侧的下垂莲花小很多，但是制作者考虑到茶人在推磨的时候会有力量施加于手柄，加上推磨人施加的力量，茶磨两侧的重量就趋于平衡了。而绿毛龟茶磨手柄处的龟头本就比尾部雕饰大很多，再加上推磨人施加的力量，龟头一侧就更加重了，长年累月地使用后，磨面发生倾斜就不难理解了。

从晋朝到唐代，古人制作茶磨的技艺有了明显的飞跃，让人不得不叹服古代石匠的奇思妙想与精湛工艺。

鉴于篇幅的原因，关于茶磨磨槽的探讨不再展开。

第二章

唐代·茶道大行

唐代是我国古代文明发展的鼎盛时期，特别是开元、天宝年间，人民富足，社会安定，制茶技术日趋完善，茶的产量不断增长。唐德宗大历五年（770年），朝廷在湖州顾渚山修建了中国第一个官办的贡茶院，专为朝廷进贡碾制末茶用的饼茶。当时的阳羡紫笋茶被奉为最高级的茶。明朝许次纾[①]在《茶疏》中说："江南之茶，唐人首称阳羡。"以致"天子未尝阳羡茶，百草不敢先开花"[②]。中国古代社会是封建皇权社会，社会上层的喜好直接影响社会习俗的变化。贡茶制度确立了茶叶的"国饮地位"，成为茶叶等级评判的风向标，民间饮茶之风得到倡导，渐成"比屋之饮"。

唐朝中期，朝廷开始征收茶税，仅唐德宗建中元年（780年）一年，就收得税银40万缗。据《新唐书》记载："德宗纳户部侍郎赵赞议，税天下茶、漆、竹、木，十取一，以为常平本钱。"唐文宗大和九年（835年）朝廷制定和实行榷茶制度，这一制度被之后的历代帝王所承袭，为国家带来了巨大的财政收入。

第一节　最早的末茶专著

唐朝陆羽的《茶经》是世界上现存最早、最完整、最全面的介绍茶的专著。《茶经》对茶叶生产的历史、现状、生产技术以及候茶技艺、茶具茶器都进行了系统的整理与阐述，是一部理论与实际相结合的治茶大集，被称为"茶

① 许次纾（1549—约1604），字然明，号南华，钱塘（今浙江杭州）人，明朝茶人和学者，于明万历二十五年（1597年）撰《茶疏》。

② 详见唐代卢仝《走笔谢孟谏议寄新茶》。

叶百科全书”。

据说陆羽身材矮小，面容黑丑，是个弃儿，为寺院所收养，在寺院里除了学文习字、诵经打坐外，专司为僧人们煮汤端茶。陆羽对茶极具热情，长大后离开寺院，遍访茶山名水，积累了很多关于茶的实践经验，于760年隐居于江南苕溪（今浙江省湖州市），与当时顾渚山的诗僧皎然、朱放、张志和、李季兰、皇甫冉，还有大书法家颜真卿等都交往密切，友谊深厚。颜真卿任湖州刺史时，还与陆羽一起在杼山修筑了一座茶亭，叫三癸亭。

陆羽根据前人的治茶经验和自己长年调查研究的体会写成《茶经》。《茶经》分为十个纲目，详述了唐朝的治茶流程——一之源、二之具、三之造、四之器、五之煮、六之饮、七之事、八之出、九之略、十之图，涵盖了茶的起源、种类、特性、制法、烹煎、器皿，以及宜茶之水的品第、候茶方式、产地、价值等。

《茶经·六之饮》中把当时的茶按照外形来进行分类，首次提出了“末茶”二字：“饮有粗茶、散茶、末茶、饼茶者。”这里的末茶，是粉末状的茶。如果单纯从茶的饮用来看，可以把当时的茶叶就看成两种形态：一种是没有被精心加工过，如中草药一般，采摘后直接晒干的，叫粗茶、散茶；另一种是精心加工过的茶，叫末茶，饼茶是原料，是末茶的前身，饼茶碾磨成粉末后就是末茶。

陆羽虽然讲茶有四种形态，如果把饼茶看作末茶的原料，那么《茶经》中介绍、描述的自始至终都只有一种茶，那就是末茶。《茶经·茶之具》里介绍的制茶工具都是制作饼茶所使用的工具，《茶经·四之器》中介绍的茶器都是吃末茶所使用的茶器，《茶经·五之煮》中介绍的煮茶、分茶之法都是末茶的饮用之法，而对于散茶、粗茶的制作过程、使用工具、候茶方式都只字未提。

吃末茶不仅仅是润喉，而且是一种艺术享受。《茶经》曰：“沫饽，汤之华也。华之薄者曰沫，厚者曰饽，轻细者曰花。”陆羽形容末茶的泡沫非常美丽，细密者为花，如黄绿明亮的枣花“漂漂然于环池之上，又如回潭曲渚青萍之始生，又如晴天爽朗，有浮云鳞然”；轻薄者为沫，“若绿钱浮于水湄；又如菊英堕于樽俎之中”；厚重者为饽，“以滓煮之，及沸，则重华累沫，皤皤然若积雪耳”。手捧一碗末茶，看着碗面堆浮着的沫饽花，闻着浓郁的香气，的确是一种非常美好的享受。

陆羽《茶经》的完成，很大程度上得益于他的忘年之交皎然和尚。皎然（约 720—约 795）俗姓谢，字清昼，吴兴（今浙江湖州）人。年轻时的皎然曾一心想要“达则兼济天下”，经史子集无所不习，无所不精，但时运不济，应试落榜，后隐居于庐山，其间对道教又有很多钻研，人生不得意令皎然参悟人生，欣然皈依佛门。皎然爱茶，写下不少著名的茶诗，成为唐代著名的诗僧，对中国末茶文化的传播作出了极大的贡献。陆羽与皎然一见如故，互为知音，陆羽的《茶经》里充满了儒道释的学说与思想，除了陆羽自身的修为外，皎然和尚对他的影响也是不容忽视的。

每个朝代都有一些文人雅士出于个人对洁身自好的追求而选择隐逸，“隐遁山谷，因穴为室”，他们游离于现实社会生活之外，特别是在社会动荡、时运不济之时，儒家的“明哲保身”、道家的“保终性命，存神养和”等观念便成为文人们在行为上的实践皈依。秦汉之后，士大夫们更是将享受饮茶的自然意趣演变成时尚与乐趣。与皎然皈依佛门同辙，陆羽多次拒绝当官，只为执着于这一炉炭火。陆羽曾经作《歌》曰：“不羡黄金罍，不羡白玉杯，不羡朝入省，不羡暮入台。千羡万羡西江水，曾向金陵城下来。”[①] 同为爱茶之人，便是他们成为挚友的缘由吧？

陆羽的《茶经》是对唐代以前的候茶技艺的总结，是一种扬弃与升华。陆羽煎茶法从器具的准备到场所的布置，从烹水煮茶到分饮品味，程序复杂，道具繁多，条理井然，蕴藏的哲理丰富，令候茶者在煮茶、吃茶的过程中能领略到茶的自然天性，同时又能够体验到中华传统思想的内涵，得到多方位的精神享受。煎茶法创造出的清逸脱俗和高尚幽雅，极大地满足了唐朝文人们自诩风雅的精神需求，受到了文人墨客和士大夫们的广泛追捧。据《封氏闻见记》记载：“楚人陆鸿渐为茶论，说茶之功效并煎茶炙茶之法，造茶具二十四事，以都统笼贮之。远近倾慕，好事者家藏一副。……于是茶道大行，王公朝士无不饮者。”由此可知，唐朝能够“茶道大行”，与陆羽《茶经》的问世是分不开的。

---

① 陆羽的《六羡歌》，收入《全唐诗》卷 308，原题为《歌》。

第二节　唐代的制茶技艺

唐朝如何制茶呢?“凡采茶，在二月、三月、四月之间。茶之笋者，生烂石沃土，长四五寸，若薇蕨始抽，凌露采焉。茶之牙者，发于丛薄之上，有三枝、四枝、五枝者，选其中枝颖拔者采焉。其日有雨不采，晴有云不采。晴，采之，蒸之、捣之、拍之、焙之、穿之、封之，茶之干矣。”[①]《茶经·三之造》把制茶过程归结为采、蒸、捣、拍、焙、穿、封七道工序，即用蒸笼蒸青，用臼杵捣烂，放入铁模中，拍实为饼，烘焙，以竹绳贯穿之，放入焙炉中慢慢烘干后保存。

在陆羽的《茶经》中，茶具与茶器是分开的。用以采茶制茶的称为“具”，是为制作工具；用以煮茶饮茶的称为“器”，即喝茶使用的器皿。深入理解陆羽列举的众多制茶工具（见表1），基本上可以复原唐朝饼茶制作的全过程。

表1 《茶经》中相关制茶工具及其解释

原文	释义
籝，……以竹织之，……茶人负以采茶也	籝：竹编小筐子，采茶时用以存放鲜叶
灶，无用突者	灶：没有烟囱的灶。采来的鲜叶用没有烟囱的灶蒸过杀青
釜，用唇口者	釜（锅），选用带有翻边（缘）的，方便“坐”在灶台孔上
甑[②]，或木或瓦，匪腰而泥，篮以箄之，篾以系之。始其蒸也，入乎箄，既其熟也，出乎箄。釜涸注于甑中，又以榖木枝三亚者制之，散所蒸牙笋并叶，畏流其膏	蒸笼：用木或土陶制成，中部涂泥，锅与蒸笼木圈之间有竹篾编成的蒸格。水不可烧干，要及时补充水。蒸过的茶叶必须及时用带有分叉的树枝挑拨、散热，防止茶叶内质流失
杵臼，一曰碓，惟恒用者佳	杵臼：臼与杵棒。蒸过的茶叶放入石臼内，用杵捣烂，经常使用的杵与臼的弧形壁更加贴合，所以研磨效果更佳

① 见陆羽《茶经·三之造》。

② 甑（zèng）：古代炊具，底部有许多小孔，放在鬲（lì）上，利用鬲中的蒸汽将甑中的食物煮熟。

续表

原文	释义
规，一曰模，一曰棬。以铁制之，或圆或方或花	规：用金属制造的做饼茶的模具，或圆或方或呈花形
承，一曰台，一曰砧。以石为之，不然以槐、桑木半埋地中	承：砧台，用石头或槐木、桑木制成，半埋于土中，以使其不摇动
檐，一曰衣。以油绢或雨衫单服败者为之，以檐置承上，又以规置檐上，以造茶也。茶成，举而易之	檐：用油绢或防水旧衣制成。先把檐铺在砧台上，再把制作饼茶的模具放在油布上，然后把捣烂的茶叶放入模具中拍实，因为在砧台上有油布，不易粘连，所以取出茶饼就比较方便
芘莉，……以篾织，……以列茶也	芘莉：竹编的晾床，用以摊晾刚从规中取出的饼茶
棨，一曰锥刀，柄以坚木为之，用穿茶也	棨：锥子，锥柄用坚实的木料做成。用以在饼茶中心钻孔，方便穿茶
扑，一曰鞭。以竹为之，穿茶以解茶也	扑、鞭：用竹篾搓成的绳子。用来把茶饼穿起来
焙，凿地深二尺，阔二尺五寸，长一丈，上作短墙，高二尺，泥之	焙：烘炉。宽两尺五寸，长度一丈，深埋地下部分两尺，地面部分高两尺，做成矮柜状，刷上泥土
贯，削竹为之，长二尺五寸，以贯茶焙之	贯：长两尺五寸的竹叉子，烘焙茶饼时用来移动茶饼，或给茶饼翻身
棚，一曰栈，以木构于焙上，编木两层，高一尺，以焙茶也	棚、栈：木制的烘干架，上下两层。置于焙炉上方，烘干茶饼用
穿，江东淮南剖竹为之，巴川峡山纫穀皮为之	穿：绳子。江东淮南地区采用树皮或竹子制作，巴川地区用山里的藤条皮制作
育，以木制之，以竹编之，以纸糊之，中有隔，上有覆，下有床，傍有门，掩一扇，中置一器，贮煻煨火，令煴煴然，江南梅雨时焚之以火	育：饼茶烘干柜。用木头做骨架，外壁用竹篾编制，柜中有格，柜上有盖，下层侧面有门，可以放入装有煻炭煨火的炉盆，发出微微的温热，用以干燥茶饼，江南梅雨季节可用火炉

如果把唐朝制作饼茶的程式归纳一下的话，大约可见如下七个步骤：

一采：采茶用籯。

二蒸：蒸茶用灶、釜、甑。

三捣：捣茶用杵、臼。

四拍：拍茶，铺檐于承，再置规于檐，再倒入捣好的茶，拍实。

五晾：出规之饼茶，置于芘莉上晾干。

六焙：将穿毕之茶，置于焙棚上烘干。

七穿：烘干之茶，以竹索或藤皮为绳，穿之成串。

唐朝制作饼茶的原则是“畏流其膏”，目的是要尽可能地保存茶叶的内质，所以唐时的末茶以绿色为佳。陆羽推崇越窑的青瓷碗（见图 24），还细数了三大理由：若邢瓷类银，越瓷类玉，邢不如越一也；若邢瓷类雪，则越瓷类冰，邢不如越二也；邢瓷白而茶色丹，越瓷青而茶色绿，邢不如越三也。这三个理由实际上都是为了最好地呈现茶的色彩，是为了能够使末茶看上去更绿一些。

图 24　越窑青釉碗（上海博物馆藏）

郑愚[①]《茶诗》曰：“惟忧碧粉散，尝见绿花生。”曹邺《故人寄茶》曰：“碧沉霞脚碎，香泛乳花轻。”他们所赞美的末茶都是绿色的，这与陆羽追捧的以绿为佳是一致的。

① 郑愚（？—887），番禺人。唐代诗人，曾任礼部侍郎、尚书左仆射等职务。

第三节　唐代茶器

“工欲善其事，必先利其器”，茶器是茶事的重要组成部分。陆羽在《茶经·四之器》中列举了二十四种茶器，共二十八件。陆羽的茶器设计浸透了佛教的气息，包蕴了很多儒家、道家的思想，这与陆羽是一个被寺院收养的孤儿有关，与他从小在寺院里生活的经历是分不开的，佛堂的香炉、云游僧侣的滤水器等多件佛家子弟的日常、云游用具都被收入《茶经·四之器》。陆羽设计的这套茶器很具代表性，法门寺地宫出土的唐朝皇家茶器系列中有不少茶器也能与《茶经》中所罗列的茶器互为佐证（见图25）。

深度认识《茶经》所列举的茶器，可以帮助现代人了解唐代的候茶技艺。

图25　法门寺地宫出土的唐朝茶器

（1）风炉：炉一直是茶道诸多茶器中的主角，在古代的寺院茶道中，众人必须要先向茶炉行礼。陆羽在这里介绍了一种古鼎形的风炉。风炉以铜、铁铸之，如古鼎形。厚三分，缘阔九分，令六分虚中，致其圬墁[①]。凡三足，古文书二十一字。一足云“坎上巽下离于中”，一足云“体均五行去百疾”；一足云“圣唐灭胡明年铸”。其三足之间，设三窗，底一窗以为通风漏烬之所。上并古文书六字：一窗之上书“伊公”二字，一窗之上书“羹陆”二字；一窗之上书“氏茶”二字。所谓“伊公羹、陆氏茶”也。置墆[②]埭于其内，设三格：其一格有翟焉，翟者，火禽也，画一卦曰离；其一格有彪焉，彪者，风兽也，画一卦曰巽；其一格有鱼焉，鱼者，水虫也，画一卦曰坎。巽主风，离主火，坎主水，风能兴火，火能熟水，故备其三卦焉。其饰，以连葩垂蔓、曲水方文之类。其炉，或锻铁为之，或运泥为之。其灰承作三足，铁柈抬之。

五行学说是华夏民族创造的古老哲学思想，是华夏文明的重要组成部分，多用于占卜、中医等。古代先民认为，天下万物皆由金、木、水、火、土五类元素组成，彼此之间相生相克，代表了天地万物的运动变化。“圣唐灭胡明年”表示的是制作的年份，或者说是编写《茶经》的年份，是唐代宗平定“安史之乱”的第二年，即公元764年。

炉身设三个小窗用以通风，鼎的底部（或靠近底部的地方）有开口，用以通风和出灰。炉内有墆，墆是金属箅[③]（见图26）。陆羽设计的金属箅上雕刻有禽、兽、鱼的图形，代表着三个卦——飞鸟为离卦，主火；猛兽为巽卦，主风；游鱼为坎卦，主水。金属箅上置炭火。陆羽设计的风炉茶釜组合中的茶釜带有宽宽的“羽”，可以稳稳地“坐”在风炉的上口边缘上，茶釜炉口进风，从墆的空隙中穿过，助力墆上的炭火燃烧，直接加热茶釜，炭灰很容易从金属箅的空隙中落下，不至于影响炭火的燃烧。整个风炉与茶釜的组合，是一幅五行相生图，水生木，木生火，火生土，土生金，金生水。

“墆”又表示凸起的小山，可以抽象为一个拥有凸起物的架子，来支撑茶釜等烹煮用的器皿。四川省成都凤凰山西汉古墓出土了铁质三脚架（见

---

① 圬墁：涂泥。
② 墆（zhì）：古同“滞”，停，贮积。
③ 箅（bì）：有空隙而能起间隔作用的片状器具，墆上置炭火，灰烬可以落下。

图 26　炉内用于托住木炭、方便漏灰的墆

图 27　西汉三脚架（成都博物馆藏）

图 28　现代常用炉内三脚架（五德）

图 27），三脚架是用来支撑或放置烹煮器皿的釜、甑、鍪的。既然陆羽风炉的墆又表示凸起的小山、支架，所以也有茶人把三脚架放在茶炉内用来支撑茶釜，特别是当茶釜的尺寸小于风炉的炉口时，使用三脚架就特别方便。在日本，茶炉内的铁三脚架（见图 28）还有一个美丽的名字叫“五德”。明明是三脚，为什么叫“五德”呢？据说是取意于中国的“君子五德”，并且有多种注释：一说君子五德来自《论语》的温、良、恭、俭、让；二说是来自《孙子》的智、信、仁、勇、严；还有第三说，是来自中国五行八卦的金、木、水、火、土。细读陆羽《茶经》对风炉的描述，可以发现茶道所用“五德”的意思应该是阴阳五行的“金、木、水、火、土”才是，陆羽在风炉的设计中投入传统的五行八卦思想，反复强调凡事都必须和谐互助才能完美相生。

煎茶前，先将风炉放在盛接炭灰的三足铁盘“灰承”上，在风炉内装上墆，墆上放炭火，把点燃的木炭放在墆上。墆下的炭灰为土，搁在风炉顶端的生铁茶釜为金，茶釜内装有水。箅上雕刻着的三个图案为火、风、水，一套煮水的炉具，金木水火土五行就齐全了。是以告诫候茶人，凡事都要中庸和谐，不偏不倚，无过无不及，方为最佳。

陆羽很推崇伊公，在风炉上刻着“伊公羹　陆氏茶”几个字，把自己煮的末茶比作伊公煮的粥。伊公是辅佐商朝五代帝王的名相伊尹，是中国历史上的一位传奇人物，被后世尊为“商元圣”。据说伊尹是莘氏在桑林中拾得的一个弃儿，因其养母莘氏住在伊水边上，便以伊为姓，后伊尹被交给一个厨子抚养。伊虽然是一个社会地位低下的奴隶，但由于自身聪明颖慧、勤学上进，长大后表现得出类拔萃，辅助商汤打败了夏桀，为商朝的建立屡建功勋，因此被拜为尹，尊号“阿衡”。伊尹以烹饪做比喻，提出以和谐为最高原则的政治主张：“物无美恶，过则为灾，五味调和，君臣佐使。”说施政之道讲究一个“中”字，所谓“治大国若烹小鲜”，强调五味调和，过犹不及。伊尹整顿吏治，洞察民心，推动经济繁荣。他辅佐成汤、外丙、仲壬、太甲、沃丁数代君主五十余年，为商朝的富强兴盛立下汗马功劳。在中国历史上，伊公受到众多仁人志士的敬仰和推崇，对后世的国家施政及社会管理产生了深远的影响。

（2）筥：以竹织之，高一尺二寸，径阔七寸。或用藤，作木楦如筥形织之。六出圆眼，其底盖若利箧口，铄之。

“筥”是用竹或藤编制而成的竹筐，底部窄小，颇似酒杯的底座，口向外张成圆形，制作时先用木料做出模具（楦子）以定型，然后依着模具编织，采用的是六角圆眼的编织手法。

（3）炭檛：以铁六棱制之，长一尺，锐上，丰中，执细，头系一小鍜，以饰檛也，若今之河陇军人木吾也。或作槌，或作斧，随其便也。

炭檛是六角形的铁棒，长一尺，成纺锤状或斧状，供敲碎木炭用，手握住细的一头，用粗壮的一头来砸东西，使用起来很顺手。

（4）火筴：一名筯[①]，若常用者，圆直一尺三寸。顶平截，无葱苔句鏁[②]之属，以铁或熟铜制之。

火筴，即火筷子。陆羽喜欢朴素无华、顶上没有装饰和雕刻的火筷子。在法门寺地宫出土的皇家茶具系列中有多双火筷，大多附有漂亮的装饰，有的火筷子头上有小鸟、花朵装饰，有的火筷上还用小链子连接。在宋代《斗浆图》中，茶人们提着的风炉上就配有专门用来插火筷子的容器，图左后方的人正用火筷子拨弄炉里的炭火（详见图29）。火筷子使用方便，直至今天依然在茶道中使用。

（5）鍑（fǔ，或作釜，或作鬴）：以生铁为之，今人有业冶者，所谓急铁。其铁以耕刀之趄，炼而铸之。内摸土而外摸沙。土滑于内，易其摩涤；沙涩

---

① 筯（zhù），古同“箸”。
② 鏁（suǒ），古同“锁”。

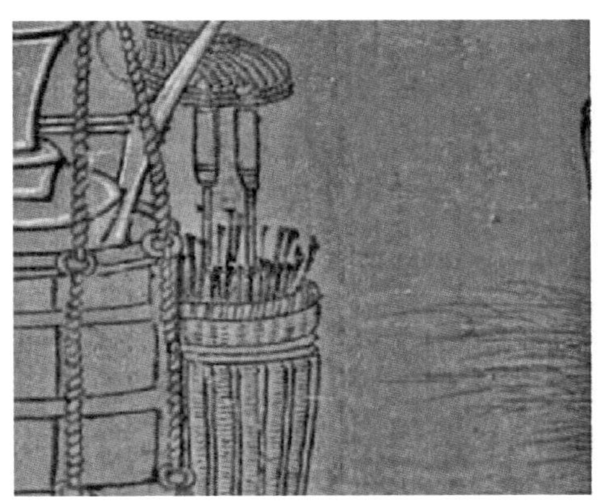

图 29　宋《斗浆图》中的火筷子（黑龙江省博物馆藏）

于外，吸其炎焰。方其耳，以正令也。广其缘，以务远也。长其脐，以守中也。

茶釜，用生铁铸造。制作模具是下了功夫的，陆羽推荐的茶釜必须内部光滑，外部毛糙：内部光滑则便于洗涤，外部毛糙则表面积增大，容易吸收炭火的热量，“方其耳”以方便提起，“广其缘”以方便茶釜能安稳地“坐”在风炉上。

巩县（今河南省巩义）窑出土的唐代明器黄釉风炉及茶釜（见图 30），由风炉和茶釜两部分组合而成，下炉上釜。风炉呈筒状，呈上大下小的倒台型，下面有圈足。风炉高 10.6 厘米，上径 12.8 厘米，底径 7.3 厘米，炉门口以下部分有凸沿，炉上半部有镂雕的三个圆孔，下腹部开拱形炉门。茶釜，双耳釜口有缘，向外翻折，“坐”在风炉口上很是安稳。

图 30　唐巩县窑黄釉风炉及茶釜

风炉外施黄釉，内不施釉。茶釜正相反，内部施黄釉，外部涩胎不施釉，这正应对了陆羽的“土滑于内，易其摩涤；沙涩于外，吸其炎焰”的描述。该黄釉风炉茶釜可以作为唐代饮茶方式和用具的重要物证。

《茶经·四之器》对“鍑”的描述中有一句话困惑了很多人：“脐长，

则沸中；沸中，则末易扬；末易扬，则其味淳也。洪州以瓷为之，莱州以石为之。瓷与石皆雅器也，性非坚实，难可持久。用银为之，至洁，但涉于侈丽。雅则雅矣，洁亦洁矣，若用之恒，而卒归于也。”①

什么是茶釜的脐？“长其脐，以守中也”是什么意思？

古人制作茶釜，其内底部中央有三块小小的凸起物，看上去就像是人的肚脐（见图 31）。茶釜的底部为什么要设有脐，还必须要“长”呢，经过观察与实验发现，由于生铁与水的导热系数不同，炭火烧水时，茶釜的温度高于水的温度，炭火的热量就会沿着茶釜底部中央凸起之脐伸入水里，茶釜中央的水就会率先沸腾，冒起水泡来，这就是陆羽所描述的“沸中”。

图 31　茶釜内部的脐

① 从全文来看，这里应该是“而卒归于铁也”。

倒入茶釜的末茶被沸腾的水泡腾起,不易下沉,这便是“末扬”。沸中、末扬,便可达到“味淳”的目的,使得茶汤的味道更加醇美。

自古以来,茶釜、茶铫的材质多种多样,陆羽列举了洪州的陶釜、莱州的石釜,还有生铁与银制的茶釜。陆羽认为瓷和石虽然雅致,但是不够结实;白银的茶釜虽然很好,但太奢侈了,认为生铁铸造的茶釜是最经济实惠的。这里的“正令”“务远”“守中”,都应和了中国古代文人们骨子里的“中正”思想。

1982年,江苏省镇江市发现一处唐代银器窖藏,出土了大量银器,其中有一只带提梁的银茶釜,高10厘米,口径25.6厘米。宽沿,深腹(见图32)。这样带有宽沿的茶釜,可以直接放在风炉上,釜口宽宽的沿(也称“缘”)正好“坐”在风炉的上口,由于茶釜的大部分都“下沉”在炉内,有利于加热,可以在短时间内达到需要的温度。镇江出土的银茶釜与唐巩县窑黄釉茶釜在外观上很为接近,但是增加了提梁,更方便拿取,再对照《撵茶图》

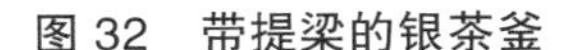

图32　带提梁的银茶釜

图33　《撵茶图》中的铫子

中烧水的铫子(如图33),可以看到古代茶釜向铫子、茶壶演变的过程。

(6)交床:以十字交之,剜中令虚,以支鍑也。

古时候,床不仅用来睡觉,也用来坐,摆放、陈列器物的桌子也可以称作床。唐宋时期把放茶器的矮桌称作茶床。茶道中的茶釜交床是一个十字交叉的支架,像一个帆布折叠式迷你版行军床,床面由两块木板组成,面板的中间挖一个圆形的空洞,底部为半球形的茶釜能够很安稳地放在交床上。陆羽的候茶是要进行“分茶”的，当茶釜里沫饽形成后就必须及时将茶釜从风炉上移开，端下的茶釜就放在交床上，以防烧得太过而“水老”，也防止茶汤溢出来。现代的茶道候茶中把交床简化为一个用草、纸或者厚棉布制成的垫子。

（7）夹：以小青竹为之，长一尺二寸。令一寸有节，节以上剖之，以炙茶也。彼竹之筱，津润于火，假其香洁以益茶味，恐非林谷间莫之致。或用精铁、熟铜之类，取其久也。

夹是一种用青竹制作的夹子，用来夹住茶饼放在小火上烘烤以致干燥，直至今天，食品店里还经常能够看到这种竹夹子。新鲜的青竹被火炙烤时会散发出竹子的香气，竹香有助于茶香的产生。如果用金属制作，则夹子的使用寿命能够更加长久。

（8）纸囊：以剡藤纸白厚者夹缝之，以贮所炙茶，使不泄其香也。

纸囊是用藤条为原料制成的厚纸口袋，用于包裹烘烤后的茶饼，以防茶的香气散失。

（9）碾（拂末）：以橘木为之，次以梨、桑、桐、柘为之。内圆而外方。内圆，备于运行也；外方，制其倾危也。内容堕而外无余。木堕，形如车轮，不辐而轴焉，长九寸，阔一寸七分。堕径三寸八分，中厚一寸，边厚半寸，轴中方而执圆。其拂末，以鸟羽制之。

粉碎茶用的碾子，以橘木制成。外形为长方形，以防止倾倒，内槽为圆润的弧形，以方便收集碾碎的末茶，也方便清扫。扫茶末的工具，用鸟的羽毛制成，称作“拂末”。

（10）罗、合：罗末，以合盖贮之，以则置合中。用巨竹剖而屈之，以纱绢衣之。其合以竹节为之，或屈杉以漆之。高三寸，盖一寸，底二寸，口径四寸。

罗与合是筛子与茶盒的总称。罗合分成上、中、下三个部分：上面是盖子，中间是筛子，下面是茶盒。筛子用剖开的巨竹弯曲而成，筛面以纱绢为之。茶盒的直径约四寸[①]，高两寸，用带节的竹子制成，也可以用杉木弯曲而成，再涂上大漆。茶盒内可以存放一个小茶则（茶勺），茶盒的盖子高一寸。碾磨好的末茶放入筛子，通过细密的纱绢筛面，落在下层的茶盒里，盖上盖子便可储存。

---

① 唐朝时一尺约合现代的 30.7 厘米，一寸约合 3.07 厘米。

茶盒是用来存放末茶的，古代没有很好保持茶叶干燥的方法，所以末茶都是现吃现磨，很多出土的陶瓷茶盒、茶罐都非常小，盖子也不是很严密，因为磨好的茶仅仅是暂时存放在茶盒里而已，立刻就会被吃掉，所以对密封与否没有很高的要求。出土的茶罐中有的配有象牙的盖子，盖子的顶部雕琢得很平整，适合茶人候茶时直接把茶勺搁置于上。

1987 年在法门寺塔基地宫中出土的银质鎏金茶罗子是长方形的（见图 34），钣金成型，纹饰鎏金。长 13.45 厘米，高 9.8 厘米，重 1472 克。由盖、罗、罗架、屉、器座几个部分组成。顶盖上錾有两体首尾相对的飞天，罗架两侧刻有仙鹤与执幡驾鹤的仙人，四周饰莲瓣纹。罗分内外两层，中夹罗网，茶罗下面的储粉盒做成一个饰有流云纹的抽屉，过筛后的末茶直接保存在抽屉中，相对密封，又拿取方便，很是实用，可见唐朝的皇宫经常烹煮末茶，经常举办茶事活动。

法门寺地宫里出土的茶器中还有多件茶盒，有龟形、方形、菱形等形状。其中一个鎏金银龟盒（见图 35），长 28.3 厘米，宽 15 厘米，高 13 厘米，重 820.5 克，龟背为盖，龟身内空，昂首引颈，四足有力，鼻部、嘴部中间及两端有镂孔，如行似走，造型逼真，非常可爱。很多人称其为茶盒，认为它是储放

图 34　唐鎏金飞天仙鹤纹银茶罗子（法门寺博物馆藏）

图 35　唐鎏金银龟盒（法门寺博物馆藏）

末茶的用具。但是，这个龟盒似乎太大了，作为整套茶具之一的茶罗子，尺寸为长 13.45 厘米、高 9.8 厘米，而储放末茶的容器竟然长 28.3 厘米、宽 15 厘米、高 13 厘米，怎么说都是不相配的。并且这只龟口鼻等多处都有镂孔，整体很不密封，这样的容器不适合存放碾磨好并且已经过筛的末茶，如果用来临时存放炙烤后的茶饼的话，倒是很合适，那些镂空小孔正好可以排放热气。

（11）则：以海贝、蛎蛤之属，或以铜、铁、竹匕策之类。则者，量也，准也，度也。凡煮水一升，用末方寸匕，若好薄者减之，嗜浓者增之。故云则也。

则是计量用的勺子，用小贝壳制成，也可用金属、竹子制作。方寸勺，就是边长为一寸的方形勺子。从 1976 年西安郭家滩 78 号唐墓出土的 30.09 厘米长的唐尺来看，一寸见方相当于 3 厘米见方。对于末茶来说，3 厘米见方的茶勺可谓不小了，笔者试了一下，大约可以舀起 5 克以上的末茶，煮一升[①] 水要用这样一勺末茶。由于陆羽的煎茶法是煮而分饮之，一锅水大约

① 唐朝一升约合现在的 600 毫升。

600毫升，要分给3个人喝，这样算来5克末茶也就不算多了，若是分给5个人喝，恐怕还要添一些呢。

（12）水方：以椆木、槐、楸、梓等合之，其里并外缝漆之。受一斗。

水方是用来储放水的木制容器，可以储水一斗（按古代容器单位，一斗约相当于现在的6千克）。能够储水一斗的容器也不小了，根据陆羽煮茶时一锅用一升水的计量来看，这只水方很大，应该不会直接拿到桌子上使用，而是用于储水的。在《撵茶图》中，可以看到储水瓮是独立放在地上的，大概是专门用来储存那些来之不易的“山水”“泉水”或者“扬子江头中零水”的吧。

（13）漉水囊：若常用者，其格以生铜铸之，以备水湿，无有苔秽、腥涩之意。以熟铜，苔秽；铁，腥涩也。林栖谷隐者或用之竹木。木与竹非持久涉远之具，故用之生铜。其囊，织青竹以卷之，裁碧缣以缝之，纫翠钿以缀之。又作油绿囊以贮之。圆径五寸，柄一寸五分。

漉水囊是佛门用具，在《南海寄归内法传》《大正新修大藏经》等佛教典籍中都有记述。漉水囊的骨架用生铜制成，不易生锈，袋子部分用青篾丝编织而成，像一个网兜，再套上一个用细密绿色丝绢缝制的纱兜，并加上一些饰物。僧人取水时，先用漉水囊过滤一下，滤掉水中的垃圾和细小的鱼虾小虫，既洁净又可避免误杀水中的生物。滤水兜制作得过于精巧，为了方便携带和保管，平时必须装在一个特制的口袋里。陆羽在寺庙长大，十分了解僧人们使用的漉水囊，因而很自然地把这些佛门用具纳入自己设计的茶器之中。

（14）瓢：一曰牺杓。剖瓠为之，或刊木为之。晋舍人杜育《荈赋》云：“酌之以匏。”匏，瓢也。口阔，胚薄，柄短。……牺，木杓也。今常用以梨木为之。

瓢是舀水用的杓子，用剖开的葫芦制成，或者用梨木挖制而成。

（15）竹筴：或以桃、柳、蒲、葵木为之，或以柿心木为之。长一尺，银裹两头。

竹筴形状如茶夹，是用来搅拌茶汤的，为了能长久使用，两头用银裹起来。

（16）鹾簋[1]：以瓷为之，圆径四寸，若合形，或瓶，或罍[2]，贮盐花也。其揭，

① 鹾簋（cuó guǐ）：古代茶道中使用的盐罐。
② 罍（léi）：酒樽，古代用来盛水、盛酒的器具。

竹制，长四寸一分，阔九分。揭，策也。

鹾簋是以陶瓷烧制的筒形小罐，或做成瓶、罍，用来装盐的。“揭”是舀取盐用的竹片，相当于勺子。长约四寸一分，宽九分[1]，用这样尺寸的竹片取盐需要非常小心，取多了，茶汤就咸了。

陆羽这里的盐盒很朴素，皇家使用的盐盒就奢华多了，法门寺出土的盐器唐鎏金摩羯鱼三足架银盐台（见图36）通高7.3厘米，口径20.6厘米，由盖、台盘、三足架组成。盖子为卷边荷叶形，顶饰柿蒂状钮，盖面錾刻双曲线，边口悬鱼四尾。錾刻工艺非常精细，线条流畅且疏密有致，荷叶的茎、叶脉都十分逼真，台盘支架上有錾文“咸通九年（868年）文思院造银金涂盐台一只”，盐台精致豪华，估计也只有皇家才会使用。

（17）熟盂：以贮熟水。或瓷或沙。受二升。

熟盂是盛装净水的容器，古时候没有纯净水，就用凉熟水。陆羽把煮水的过程分为三沸：“其沸，如鱼目，微有声，为一沸；边缘如涌泉连珠，为二沸；腾波鼓浪，为三沸。”在水二沸的时候要舀出一勺水倒入熟盂晾着待用，等到末茶入锅后，水开始“势若奔涛”时，“以所出水止之，而育其华也”，须把刚才舀出来的那勺水倒入茶釜，止住沸腾，就如现在人们下馄饨、煮饺子一样，水开后放入馄饨、饺子，当水再次沸腾时，就必须及时加入一些冷水以压住水势，避免水盈漫出来，也避免因为水的再三翻腾而造成食物破碎。煮茶也一样，需要及时止沸才能煮出一锅好茶汤。凉水压沸、沫饽浮起的过程，就是“育华”（培育沫饽）的过程。

碗：越州上，鼎州次，婺州次；岳州次，寿州、洪州次。或者以邢州处越州上，殊为不然。若邢瓷类银，越瓷类玉，邢不如越一也；若邢瓷类雪，则越瓷类冰，邢不如越二也；邢瓷白而茶色丹，越瓷青而茶色绿，邢不如越三也。

古人候茶，对茶碗的选择极其严格，因为同样的茶汤盛在不同的茶碗中，色彩感觉是不相同的，“晋杜育《荈赋》所谓：‘器泽陶简，出自东瓯’。瓯，越也。瓯，越州上。口唇不卷，底卷而浅，受半升以下。越州瓷、岳瓷

[1] 寸、分：古代长度计量单位，因各朝代度量有差异，故此书中不作换算。

图 36　唐鎏金摩羯鱼三足架银盐台（法门寺博物馆藏）

皆青，青则益茶，茶作白红之色。邢州瓷白，茶色红；寿州瓷黄，茶色紫；洪州瓷褐，茶色黑。悉不宜茶。”[①]

陆羽引用晋朝的《荈赋》来说明茶碗以越瓷为佳，认为鼎州、邢州等地的茶碗皆不如越窑（窑址在今浙江余姚上林湖一带）的好，理由是末茶以绿色为佳，越窑色青类冰，更能凸显末茶的汤色。

图 37 越窑青瓷茶碗（宁波博物馆藏）

1975 年宁波市和义路码头遗址出土的越窑青瓷茶碗（见图 37），如盛开的荷花，茶托如同一片浮于水面尚未完全展开的荷叶，碗的底部略宽略平，恰好嵌入碗托中的凹圈内。

（18）畚：以白蒲卷而编之，可贮碗十枚，或用筥，其纸帊[②]以剡[③]纸夹缝，令方，亦十之也。

畚是用白蒲编织的装茶碗的用具，形状有些像畚箕。

（19）札：缉栟[④]榈皮，以茱萸木夹而缚之，或截竹束而管之，若巨笔形。

将棕榈皮夹在茱萸中，或卷紧塞在竹筒里，像一支大毛笔，成为棕刷帚，清洁茶具用。

（20）涤方：以贮洗涤之余，用楸木合之，制如水方，受八升。

涤方，用来洗涤茶具的容器，容量八升，是一个非常巨大的洗涤盆。

（21）滓方：以集诸滓，制如涤方，处五升。

滓方是用来盛放废弃物的器皿，制作如同涤方，容量为五升。

（22）巾：以绝[⑤]布为之。长二尺，作二枚，互用之，以洁诸器。

---

① 《茶经校注》，沈冬梅校注，中国农业出版社，2006 年版 。

② 帊（pà）：同“帕”，两幅宽的帛。

③ 剡（shàn）：剡溪，水名，曹娥江上游的一段，在浙江。

④ 栟（bīng）：棕榈。

⑤ 绝（shī）：粗绸子。

绝，指绝布，一种粗厚的丝织物。李白《村居苦寒》中："褐裘覆绝被，坐卧有余温。"二尺长的粗绸子做成两条茶巾，可以替换着使用。

（23）具列：或作床，或作架。或纯木、纯竹而制之；或木或竹，黄黑可扃而漆者。长三尺，阔二尺，高六寸。具列者，悉敛诸器物，悉以陈列也。

具列是收藏和陈列茶具的用具，用竹子或者木材制作，可以是一个茶床，也可以是一个矮架或者是一个能够开闭的矮柜，漆成黑黄色。《萧翼赚兰亭图》中就有这样的茶床（见图38）。

图38　北宋摹本《萧翼赚兰亭图》局部（辽宁省博物馆藏）

（24）都篮：以悉设诸器而名之，以竹篾，内作三角方眼，外以双篾阔者经之，以单篾纤者缚之，递压双经，作方眼，使玲珑。高一尺五寸，底阔一尺，高二寸，长二尺四寸，阔二尺。

都篮编制得非常精致，用来存放茶具。内层编织成三角方眼。外层用比较宽的双道竹篾为经，以比较纤细的单篾做纬，交替编织成方眼。都篮高一尺五寸，底阔一尺，高二寸，长二尺四寸，阔二尺，是比较大的篮子，几乎就是一个柜子了，难怪可以放下很多茶器。

不同时代的茶器种类繁多，各有不同，《茶经》里所罗列的仅仅是陆羽比较中意的茶器而已。

第四节 唐代候茶

唐代，以茶会友成为社会的一种时尚，文人士大夫们已经开始放弃或者减少对酒的追捧，远离豪饮、以茶代酒的宴会和茶会成为当时的流行。

为什么要吃茶？陆羽有自己独到的解读：“至若救渴，饮之以浆；蠲[①]忧忿，饮之以酒；荡昏寐，饮之以茶。”意思是说如要救饥渴就予以米浆（粥），想要消除忧忿，则予以酒，想要荡涤头脑的混沌不振，则非茶不可。用现代人的话来说就是“渴了喝水，饿了吃饭，郁闷了饮酒，昏寐时吃茶”。所以，茶不是用来解渴的，更多的是用来荡涤昏寐、清醒头脑的。卢仝《走笔谢孟谏议寄新茶》中更是把吃茶形容成不但可以润喉、解闷，更可以令人敏捷思维、忘却烦恼、放下郁闷的事情。“平生不平事，尽向毛孔散”，连吃七碗茶便能令人两腋生风、翩翩欲仙。

走笔谢孟谏议寄新茶（节选）

（唐・卢仝）

一碗喉吻润，两碗破孤闷。

三碗搜枯肠，唯有文字五千卷。

四碗发轻汗，平生不平事，尽向毛孔散。

---

① 蠲（juān）：免除。

五碗肌骨清，六碗通仙灵。
七碗吃不得也，唯觉两腋习习清风生。
蓬莱山，在何处？
玉川子，乘此清风欲归去。

一、煎茶法

“煎茶分饮法”是先煮水后加茶，煮成后分至多个茶碗，供多人一起享用的候茶方式。

古代吃茶是现磨现饮的，饼茶在被粉碎之前，需要再一次烘烤，使之干燥酥脆，以方便粉碎。

“凡炙茶，慎勿于风烬间炙，熛焰如钻，使炎凉不均。持以逼火，屡其翻正，候炮出培塿（lǒu），状虾蟆背，然后去火五寸，卷而舒，则本其始，又炙之。”

炙，烤也，炙茶就是把茶放在火上烘烤。古时候没有很好的保持干燥的方法，半湿不干的茶饼碾磨起来很困难，只有充分干燥后才能碾磨得足够细腻。压制成小饼状的茶叶，更容易用夹子夹起，方便翻来覆去地烘烤，这也是为什么古人要把茶叶制作成茶饼的原因。[①] 炙烤茶饼必须采用小火，慢慢烘烤，直至表面出现蛤蟆背状的小气泡，再把茶饼离火远一些，烤至茶饼松软，烤好的茶饼立刻用纸囊包裹起来，以防香气失散，干燥后的茶饼酥脆易碎，很容易碾碎磨粉。陆羽认为风大，炉灰飞扬时，不宜炙茶，因为火焰飘忽，容易造成茶饼受火不均。

碾成的粉末还需用茶罗过筛，古人用粗大的毛竹片制成“罗”，用丝绢绷起做筛面，只有能够通过细密的丝绢筛面的粉末才是能够饮用的上等末茶。古代的筛子大多配有储存末茶的“合”，称为“罗合”。过筛后的末茶

① 陆羽在《茶经》中把茶分成四种状态，其中有“饼茶”，饼茶成为茶的一个品类，在描述候茶过程中“烘烤茶饼”这一环节，强调的是其形状如饼，故区别用之。

落在下面的“合”里，盖上盖子，短时间内保存一下没有问题。法门寺出土的唐鎏金飞天仙鹤纹银茶罗子制作得极其精致，长方形的茶罗子分成三个部分：中间是一个绷面（筛面）为绢的筛子,下面的储粉盒做成一个抽屉，抽屉上有一个抓手，可以方便地开闭抽屉，最上面是一个盖子。这样的结构相对密封，方便保存过筛后的末茶（见图 34）。

古人煮茶对水的选择有很多讲究，自古以来就有不少文章写了选水。陆羽在《茶经·五之煮》中阐述了自己选水的原则：“其水，用山水上，江水中，井水下。”并引用了《荈赋》的“水则岷方之注，挹彼清流”，强调并论证了山水为上。岷江是长江上游的重要支流，有人把“水则岷方之注”注解为“岷江的清洁活水”。笔者认为，“岷方之注”的“注”字，应为“源头”，指的是岷江源头的山泉，这与后面的“清流”是吻合的。岷江有东西二源，东源出自高程 3727 米的弓杠岭，西源出自高程 4610 米的朗架岭，两源在虹桥关上游汇集合并后，自北向南流经茂汶、汶川、都江堰，穿过成都平原的新津、彭山、眉山，再经青神、乐山、犍为，在宜宾市注入长江。所以说，岷江的源头都可以理解为崇山峻岭中的一注清泉。

山间的泉水很多，但陆羽取用山间清泉并非“凡泉皆可”，而是有选择的：“其山水，拣乳泉、石池漫流者上；其瀑涌湍漱，勿食之，久食，令人有颈疾。又水流于山谷者，澄浸不泄，自火天至霜郊以前，或潜龙蓄毒于其间，饮者可决之，以流其恶，使新泉涓涓然，酌之。”

乳泉，石乳也，指从石中渗出如乳。雨水落入土壤，又慢慢渗入岩石层，经岩石层的过滤，拥有了岩石内部的微量元素，同时又滤去了杂质。瀑布水和深潭水都不能用，唯有“涓涓然”的细缓之泉水最为合适。

如果不得不用江水，则必须在人迹罕至的“去人远者”之处取水，因为人多之处必然会造成江水浑浊。明朝田艺蘅《煮泉小品》曰：“盖去人远，则澄清而无荡漾之漓耳。”江河中育有鱼虾虫草，难免有腥味。取来的水还须用滤水囊过滤、澄清，去掉泥沙杂质后方可用来煮茶。

不得不用井水时，必须选用经常汲用的井水，这样的井水才比较“新鲜”。

《茶经》完成四十多年后，张又新推出《煎茶水记》，其卷首载有刑部侍郎刘伯刍推荐的天下七大宜茶之水：

水之与茶宜者，凡七等：
扬子江南零水第一；
无锡惠山寺石水第二；
苏州虎丘寺石水第三；
丹阳县观音寺水第四；
扬州大明寺水第五；
吴淞江水第六；
淮水最下，第七。

天下宜茶之水中的两水都与上海相关，流经上海的吴淞江[①]水排名第六。吴淞江源自太湖，曲折蜿蜒，穿过上海的版图入海。据《宝山县志》记载，古时候在湿地公园附近有“绿泉”，传说即为《煎茶水记》中的“吴淞江水”[②]。

其中“扬子江南零水”被排在第一位。乍看扬子江南零水似乎是江水，其实不然，南零水是泉水，是江底的上升泉。南零水也称中泠水、南泠泉，古人赞美南零水的诗很多，其中有北宋范仲淹的《斗茶歌》：“鼎磨云外首山铜，瓶携江上中泠水。”范仲淹笔下的“中泠水”就是“南零水”，可见南零水之佳确实名不虚传。

张又新在《煎茶水记》的后半部提及自己曾经在荐福寺读到过楚僧携带的《煮茶记》，上面记载有陆羽与李季卿的一段邂逅。说李季卿任湖州刺史时，在扬州遇到陆羽，请之上船，船抵达扬子驿，听闻扬子江南零水煮茶最佳，便派士卒去取，士卒自江心汲水而归，靠近岸边时，因为船身摇晃泼洒了一半，士卒就取了近岸之水补充。陆羽看士兵倒水，说：“这不是南零水，这是近岸水。”倒水至一半时，陆羽又说：“这才是南零水。”士卒大惊，只得据实以告，李季卿十分佩服，便向陆羽请教，陆曰：“楚水第一，晋水最下。”

---

① 吴淞江，古称松江或吴江，亦名松陵江、笠泽江，发源于苏州市吴江区松陵镇以南太湖瓜泾口，由西向东穿过上海汇入黄浦江，上海段也称苏州河。

② 据《宝山县志》记载，古时候在上海宝山城南杨家嘴口处，现今的区炮台湿地公园，有一眼泉水叫“六泉”，也称“绿泉”，便是“宜茶第六泉”。

李季卿即命人拿来纸笔，记下了陆羽口授的天下二十处宜茶之水：

庐山康王谷水帘水第一；

无锡县惠山寺石泉水第二；

蕲州兰溪石下水第三；

峡州扇子山下有石突然，泄水独清冷，状如龟形，俗云虾蟆口水第四；

苏州虎丘寺石泉水第五；

庐山招贤寺下方桥潭水第六；

扬子江南零水第七；

洪州西山西东瀑布水第八；

唐州柏岩县淮水源第九（淮水亦佳）；

庐州龙池山岭水第十；

丹阳县观音寺水第十一；

扬州大明寺水第十二；

汉江金州上游中零水第十三（水苦）；

归州玉虚洞下香溪水第十四；

商州武关西洛水第十五（未尝泥）；

吴淞江水第十六；

天台山西南峰千丈瀑布水第十七；

郴州圆泉水第十八；

桐庐严陵滩水第十九；

雪水第二十（用雪不可太冷）。

这里扬子江南零水和吴淞江水的排名顺序虽然有了一些变化，却都依然能榜上有名，可见上海与茶的渊源。

张又新《煎茶水记》所述尚待考证。据《封氏闻见记》记载，陆羽继常伯熊之后，也为御史大夫李季卿操演过茶道，不想却受到了羞辱，“既坐，教摊如伯熊故事，李公心鄙之。茶毕，命奴子取钱三十文酬茶博士”，以致陆羽“及此羞愧，复著《毁茶论》”。《新唐书 · 隐逸 · 陆羽传》有：“御史大夫李季卿宣慰江南，……又有荐羽者，召之，羽衣野服，挈具而入，季卿不为礼，羽愧之，更著《毁茶论》。”两者的内容基本上是一致的。既然如此，陆羽怎么会跟李季卿一起讨论鉴别水品？又何以会有口授《水经》之事？并且，陆羽在《茶经》中强调：“山水上，江水次之，井水下。”而《天下宜茶之水二十》中却有两项是瀑布之水，这明显前后不符。

后代也出现了许多鉴别水品的专门著述，如欧阳修《大明水记》、徐献忠《水品》、叶清臣《述煮茶小品》、田艺蘅《煮泉小品》、汤蠹仙《泉谱》等。虽然各地都会争论宜茶之水的排名，但大都认为“泉水为上”。

好茶需要好水，好水还需用心烹煮，陆羽在《茶经·五之煮》中把煮水的过程称为三沸，配合煎茶的过程，大体为：微有声，为一沸，此时有气泡如鱼目升起,需撇去浮在表面的“黑云母”水膜,水膜“饮之则其味不正”；茶釜边缘有气泡如涌泉连珠升起时为二沸，此时舀出一瓢水，倒入熟盂备用，以竹筴搅拌茶汤，倒入适量的末茶；腾波鼓浪为三沸，把二沸时舀出的水倒回茶釜，止其沸而育其华。于是，茶之沫饽渐生于水面，茶汤初成，如雪似花，茶香满室，茶汤就算煮好了。

笔者用不同的材料、容器以及不同的水量做过多次煮水实验，得出的结果多有不同。大体上，使用带有脐的敞口生铁茶釜，烧水600毫升，水烧到45至55摄氏度时，会有微微的响声，茶釜底部的釜脐上会有细密的小气泡，煮到65摄氏度以上会发出很大的响声，会有大气泡沿着茶釜的边缘升起。古人常用风过松林、松涛滚滚来形容这时候的水声。水煮到95摄氏度左右，就彻底沸腾了，整个茶釜的表面“腾波鼓浪”，这时候反而没有什么声响了。

诗僧皎然的《对陆迅饮天目山茶因寄元居士晟》中用“投铛涌作沫，著碗聚生花”形容初煎好的茶汤。

《茶经·五之煮》曰：“其第一者为隽永，或留熟盂以贮之，以备育华救沸之用。诸第一与第二、第三碗次之，第四、第五碗外，非渴甚莫之饮。凡煮水一升，酌分五碗（碗数少至三，多至五）。”

唐时煮好一锅茶是多人分着吃的，一锅茶汤最多用水一升（大约600毫升），多者可分成三碗至五碗，陆羽认为煮三碗为佳，煮成五碗就“略次”了。舀出来的第一碗茶称为“隽永”，是最好的。分茶时务必要把茶之精华——

沫饽均匀地分到每只碗里。

一碗茶的量大约有多少？茶釜里加水一升，用水瓢、木勺舀水不可能舀得很干净，茶釜内肯定有残留。笔者做了实验，在茶釜里放入600毫升的水，用水勺舀出，最终茶釜底部有100～200毫升的水是舀不到的，这样，能够被舀出来的水为400～600毫升，分成五碗，那么每个碗里的茶汤为80～100毫升。这也就是为什么《萧翼赚兰亭图》里的老翁会用一只铫子煮茶了，铫子比较方便侧斜，使得茶汤更容易被舀出来，有的铫子甚至自带一个引流口，方便将茶汤直接倒出来，连水勺也不需要了。后来用铫子候汤煮水逐步煮水演变为用汤瓶、水壶煮水。

饮茶要"趁热连饮之"，因为"重浊凝其下，精英浮其上"，只有趁热吃才能领略到茶之鲜醇，一旦茶冷了，就会"精英随气而竭，饮啜不消亦然矣"。

《萧翼赚兰亭图》是唐代画家阎立本的作品，阎立本的出生远在陆羽之前，由此可以略窥陆羽之前的唐朝之茶道。《萧翼赚兰亭图》原本已佚，现存三个宋代摹本，北宋摹本藏于辽宁省博物馆（见图38），南宋摹本藏于台北故宫博物院（见图39），还有一本宋代摹本藏于北京故宫博物院。北京故宫博物院藏本相对较简略，左侧没有煮茶的人。北宋摹本和南宋摹本大体相同，都是以辩才和尚和萧翼为中心，图左有一老一少正在煮茶。

北宋摹本和南宋摹本图左煮茶部分都是一老一小在候茶，一个老者坐在蒲团上，面前的风炉上安有铫子，风炉旁一个竹制的矮桌（具列），矮桌上有带托茶碗、茶盒。老者左手扶着铫子的手柄，右手拿着竹筴，正搅动茶汤。旁边一个小童手捧茶碗准备接茶。比较两个摹本，可以发现有几处不同：北宋摹本的正方形茶床（列具）在风炉的左侧，而南宋摹本中则在风炉的右前方；北宋摹本的风炉是圆柱形，鼎足，两侧有提耳，放在一个木制长方形的矮台上，南宋摹本的风炉炉身略鼓，空心鬲足，炉身带有提手，似乎方便提着移动，炉的侧面有竖条状的通风窗，风炉放在带足灰承上；北宋摹本画面上还有火筷、茶盒、水钵、长柄水勺，风炉下的矮台上还有一个盒子，内有小勺，可能是"鹾簋（盐罐）"与竹制的"揭（勺）"，南宋摹本的矮台上还有一个碾磨末茶用的碾子里的碾轮；北宋摹本的小童是直身跪在地上的，南宋摹本的小童是弯腰曲背站着的。

图39　南宋摹本《萧翼赚兰亭图》局部（台北故宫博物院藏）

尽管两张画上都有五个人，但茶碗却都只有两个，也就是说吃茶的人是两个，即萧翼与辩才和尚，候茶人与端茶碗、抱卷轴的童子都是没得吃的。

二、茶宴

“茶宴”是一种比较轻松随意的以饮茶为主题的聚会方式，内容丰富多彩，可以伴有琴笙歌舞，斗诗连句，观赏书画，也可以伴随着拈花看景。

唐代饮茶风气炽盛，上自达官权贵，下至黎民百姓，皆崇尚以茶代酒，邀客宴饮。贡茶制度建立以后，宜兴的阳羡紫笋茶被列为贡茶，进贡数量年年攀升，产地扩大到周边。湖、常两州刺史每年早春都要在两州交界处的顾渚山境会亭举办盛大的茶宴待客，同时进行茶叶开采、审评等公务。《吴兴记》记载：“每岁吴兴、毗陵二郡太守采茶宴会于此。”茶宴是一种比较松散的多人聚会，茶宴的主办方与参加者大多是官宦、文人雅士，往往伴随着吟诗、歌舞、赏花、抚琴等多方位的交流、欣赏，参与者在饮茶的同时还能获得清逸脱俗、高尚幽雅的意境享受，是唐朝的一大风雅与时尚。

唐宝历年间，湖、常两州刺史邀请时任苏州刺史白居易来参加茶宴，白居易因疾不能参加，深感惋惜，作《夜闻贾常州崔湖州茶山境会亭欢宴》聊作弥补：

夜闻贾常州崔湖州茶山境会亭欢宴

（唐·白居易）

遥闻境会茶山夜，珠翠歌钟俱绕身。
盘下中分两州界，灯前各作一家春。
青娥递舞应争妙，紫笋齐尝各斗新。
自叹花时北窗下，蒲黄酒对病眠人。

从诗中可以看到，这些官宦文人的茶宴不仅有茶可以尝鲜斗新，还有珠翠绕身的青娥展喉献舞，虽说“天子未尝阳羡茶，百草不敢先开花”，但是这些主管贡茶院的官吏们却属于例外，无疑他们是比皇帝更早尝到阳羡紫笋茶的人了。如此人间妙事不能亲临，白居易之抱憾就不难理解了。

图 40 唐《宫乐图》（台北故宫博物院藏）

唐代诗人顾况[①]的《茶赋》描绘了当时宫廷的茶宴：

“罗玳筵，展瑶席，凝藻思，间灵液。赐名臣，留上客，谷莺啭，宫女颦，泛浓华，漱芳津，出恒品，先众珍，君门九重，圣寿万春。”“玳筵”“瑶席”的茶宴上不但有“灵液”“芳津”，更有莺歌曼舞。

唐代的绘画《宫乐图》[②]（见图 40）用直观彩绘的方式记录了上流社会仕女（一说是宫廷乐女）们的茶宴盛况。十二个女子围绕于黑漆螺钿长方桌四周，或坐或站，每人面前放着茶碗。长桌正中有一个巨大的茶钵，茶钵左右各有一个果盘，装着时新茶果。右边一着青色上衣的女子右手持一长柄茶勺，从茶钵中舀取茶汤，准备舀于自己茶碗内。仕女们啜英品茗之余，有的弹琴，有的吹箫，有的吹笙，还有的弹琵琶，个个神态生动，

① 顾况，字逋翁，自号华阳山人，苏州海盐县（今浙江省海盐县）人。
② 唐代《宫乐图》，作者不详，台北故宫博物院藏。

描绘细腻，很明显这是一次以音乐欣赏为主题的茶宴。这里的茶宴是一种自斟自饮，佐以茶果，伴有歌舞的聚会。

晦夜李侍御萼宅集招潘述·汤衡·海上人饮茶赋

（唐·皎然）

晦夜不生月，琴轩犹为开，
墙东隐者在，淇上逸僧来。
茗爱传花饮，诗看卷素裁，
风流高此会，晓景屡裴徊。

根据诗中描述，主办茶宴的是李侍御，受到邀请的是潘述、汤衡、海上人、皎然，官吏、逸僧、文人、隐者，这些茶道同好聚集在一起“风流高此会，晓景屡裴徊”，茶宴上还有“传花饮”，不知是否就是击鼓传花、鼓止花停？不知持花者是受罚再饮还是罚作诗赋？当时的末茶如此珍贵，要是罚吃茶的话似乎就不是罚而是奖了吧？

写文人茶宴的还有唐代吕温的《三月三日茶宴序》：“三月三日，上巳禊饮之日也。诸子议以茶酌而代焉。乃拨花砌，憩庭阴，清风逐人，日色留兴。卧指青霭，坐攀香枝。闻莺近席而未飞，红蕊拂衣而不散。乃命酌香沫，浮素杯，殷凝琥珀之色，不令人醉，微觉清思。虽五云仙浆，无复加也。座右才子南阳邹子、高阳许侯，与二三子顷为尘外之赏，而曷[①]不言诗矣。”

中国古代有一种春秋两季在水边举行祭祀的习俗，旨在驱邪纳福，破除各种不祥。春季的祭祀往往安排在三月初三上巳节，文士们相约以茶代酒，祭祀地点在水边。这样的日子春风拂面、花香袭人，有人慵懒地躺在草地上，还有人坐在树杈上，大胆的黄莺飞落到席上，红色的花蕊洒落在人的身上，香醇的茶沫浮在素雅的杯碗里，琥珀色的香茶饮而不醉，五云仙浆[②]也无复于此，众人醉心于这仙境般的风光，以至于忘记作词赋诗了。

唐代诗人钱起在《与赵莒茶宴》中有“竹下忘言对紫茶，全胜羽客醉

① 曷（hé）：怎么、为什么，也有何日、何时的意思。
② 五云仙浆：唐代名酒，据说当年白居易、杜牧、薛涛等人常饮此酒。现成都望江楼公园内有五云仙馆。

流霞。尘习洗尽兴难尽，一树蝉声片影斜”之句，描述了在环境清幽的野外举办茶宴的乐趣。山间泉畔、翠竹摇曳，岩上树影婆娑，坐在竹林里面对着珍贵的紫笋末茶，心领神会，末茶之美味，远胜于瑶池琼浆。

虽然陆羽在《茶经》中强调“茶性俭，不宜广”，但其俭性却丝毫不影响他与文人权贵、僧人道士们的文墨交结，心意往来。陆羽与时任湖州刺史的大书法家颜真卿一起在顾渚山妙喜寺东南处，修建了一个专门用来饮茶的亭子,因建于癸丑年癸卯月癸亥日,故取名“三癸亭”。陆羽与袁高、颜真卿、皎然等人经常在此聚会，品赏英华、赋诗遣兴，是为雅集。三癸亭可称得上当时世界上最早的专用“茶室”“茶亭”或者“茶艺馆”了。

第五节 茶道盛行

按照既成而稳定的方式所进行的茶事活动，便是茶道。

中国对候茶方式最早的描述可以追溯到晋朝杜育的《荈赋》：“器泽陶简，出自东瓯。酌之以匏，取式公刘。”这里规定要选用浙江越窑产的精美陶器，添水斟茶必须要使瓢勺，这便是最初的候茶之“式”了。

中国末茶道的诞生与佛教文化息息相关，寺院的茶事活动是中国末茶道的起源，最早对茶道程式做出规范的就是禅林。宗教活动中的吃茶、敬茶方式逐渐常规化、程式化，便形成了寺院茶道。

禅宗刚进入中国时，并没有造像崇拜一说，强调的是自身修行。禅修者每天打坐冥思，难免瞌睡倦怠，饮茶可以醒脑提神，于是会对饮茶情有独钟。加之寺院里禁止喝酒，于是茶便成为寺院里唯一的饮料了。很多寺院为了自给自足，都会开山种茶，拥有自己的茶园。僧人们的寺院生活主要是各种佛事活动，候茶便自然而然地表现在各种佛教“行事”之中，在唐朝僧人百丈怀海（720—814）编著的《百丈清规》中，吃茶几乎融于寺院生活、寺院活动的方方面面。

《百丈清规》又称《禅门规式》，是中国唐朝禅宗寺院规程及僧众日常行事的规章，也可说是当时禅林创行的僧制。《百丈清规》至宋初就已失传，德辉禅师参照唐宋诸家清规，依托百丈之名，撰成《敕修百丈清规》，即今所传《百丈清规》八卷。全书分为九章，第一祝厘章、第二报恩章、第三报本章、第四尊祖章、第五住持章、第六两序章、第七大众章、第八节腊章、第九法器章。《百丈清规》中规定“上下均力”“一日不作，一日不食”，倡导“农禅”，僧众应饮食随宜，务于勤俭，必须参加劳作，这些规定对于寺院僧人的生活维持、经济来源起到了积极的作用。

“茶道”二字首见于《封氏闻见记》：“楚人陆鸿渐为茶论，说茶之功效并煎茶炙茶之法，造茶具二十四事，以都统笼贮之。远近倾慕，好事者家藏一副。有常伯熊者，又因鸿渐之论广润色之，于是茶道大行，王公朝士无不饮者。”由此可知，唐朝寺院茶道逐渐衍生出包括茶具、服饰、讲解等规章样式，末茶道遂在江南流传开来。

末茶道的候茶过程进化到可以演示给人观看，令观看的人获得视觉和精神上的享受是从何时开始的，无从考证。世界上最初记载茶道的《封氏闻见记》中有：“御史大夫李季卿宣慰江南，至临淮县馆。或言伯熊善茶者，李公请为之。伯熊着黄被衫乌纱帽，手执茶器，口通茶名，区分指点，左右刮目。茶熟，李公为歠两杯而止。”常伯熊在茶道演示时选用特定的服饰、茶器，一切动作都有固定的程式，行云流水，下了功夫，观看的御史大夫李季卿对常伯熊演示的茶道非常满意，连吃了两碗末茶，说明常伯熊的候茶法很具艺术性和观赏性。

常伯熊也叫常鲁，安徽临淮人，与陆羽都是中唐时期的茶人，享有盛名，也写有不少关于茶叶功效方面的书，但未见传世。《唐国史补》载，唐建中二年（781 年），监察御史常伯熊作为入蕃使判官奉诏，入蕃商议结盟事项。有一天，常伯熊正在帐篷里煮茶，听见有人问他在煮什么，他便随口答道：“涤烦疗渴，所谓茶也。”于是茶就有了一个别名叫“涤烦子”。清人施肩吾诗云“茶为涤烦子，酒为忘忧君”，便典出于此。现存的一些善本，如唐代封演，宋代陈师道、欧阳修以及清代程作舟的著作中也能见到一些有关常伯熊与末茶的逸闻趣事。

《新唐书·隐逸·陆羽传》中说陆羽“貌侻陋，口吃而辩”，说他长得其貌不扬，又黑又丑，且又口吃。或许是由于身世和经历的缘故，陆羽的秉性异于常人，行事往往离经叛道，徘徊在“入世”与“出世”之间。《封氏闻见记》描述陆羽在应邀去为御史大夫李季卿候茶时“身衣野服，随茶具而入。既坐，教摊如伯熊故事”，说他受到李季卿召唤时连衣服都没有换就提着茶具去了，候茶的方式比之常伯熊并无新意，于是便受到“李公心鄙之”，候茶结束后，御史大夫仅“命奴子取钱三十文酬煎茶博士”打发了他。这令自诩清高的陆羽深感奇耻大辱，以至于回家后愤而著《毁茶论》，说从此以后再也不伺水候茶了。从这样的事例中可以看到，同样是候茶，不同的表达方式产生的艺术效果完全不同，看客的精神反馈、体验也完全不一样。

从《封氏闻见记》中的记载来看，先有陆羽的《茶经》，后有常伯熊的茶道表演，常伯熊对陆羽的《茶经》应该颇有研究甚至烂熟于心，因此才能在陆羽茶道的基础上“广润色之”，进行较大的改进与完善。常伯熊的候茶在陆羽《茶经》的基础上增加了很多具体、形象、立体的表现，其中包括茶具、服饰、讲解词等，赋予末茶的候茶程式以更多的艺术性和观赏性，乃至可以表演给人观看，令观看者得到视觉和精神上的享受。常伯熊的茶道操演与陆羽二十四茶器的完美结合，引领唐朝出现了“茶道大行”的盛况。

《百丈清规》失佚后，后世亦有多次修订，编成《禅苑清规》[①]《丛林校定清规总要》[②]《禅林备用清规》[③] 等等。元代时朝廷命江西百丈山住持德辉重新修订《敕修百丈清规》，并由金陵大龙翔集庆寺住持大溯等校正，颁行全国，共同遵守，后收入《大藏经》。到了明朝洪武十五年（1382 年），太祖朱元璋还特地颁发圣旨，明确了《百丈清规》为“天下丛林僧徒循规遵守”之法典，“诸山僧不入清规者，以法绳之”。

茶出现在寺院的各种行事中，是一个不可或缺的重要角色，《百丈清规》的第五、六、七章专述寺院各类职事的职责，以及僧众日常生活中应当共同

① 著于宋徽宗崇宁二年（1103 年），由真定宗赜搜集诸方行法，重编为《禅苑清规》十卷，亦称《崇宁清规》。

② 成书于南宋咸淳十年（1274 年），编成《丛林校定清规总要》二卷，又称《咸淳清规》。

③ 著于元代至大四年（1311 年），东林弌咸又参考诸方规则，改定门类编次，并详叙职事位次高下等，成《禅林备用清规》十卷，又称《至大清规》。

遵守的行为准则。对寺院行事中敬茶、吃茶的方法与过程都做了详细的规定，比如举行茶事时如何邀请、如何应邀、彼此问候等，都有较多的礼仪规定。茶会的参加者有寮主、点茶人、首客、次客，每一角色的站立位置、行走路径、座位顺序都有指定。如何入座，入座后鞋该怎么排、手该怎么放，甚至连吃茶时手持茶碗的高度、手指的位置，细致到咀嚼不可发出声响、茶药（茶点）入口的手势都成规明确、面面俱到，十分严谨。“维那[①]云：‘众师顶礼和尚。’毕，分次序座。各具威仪，勿得言语。杯盘碗箸，不得作声。”“炉前问讯。寮主主位，点茶人分手位。略坐起身烧香问讯，复坐献茶了。寮主与众起身炉前致谢，送点茶人出。”可以看出，大型茶会上还有司仪 。

除了寺院对茶事、候茶方式有详尽规定外，朝廷对皇家的茶事活动也有各种典规。宋代蔡居厚《蔡宽夫诗话》中记载了前朝的皇家茶事：“湖州紫笋茶出顾渚，在常、湖二郡之间，以其萌茁紫而似笋也。每岁入贡，以清明日到先荐宗庙，后赐近臣。”这里详细地记述了皇家的祭祀与赐茶相关的时间、人物、地点，说明了清明赐茶的来源，以及赐茶的程序、范围等，细致合理，具有很强的可操作性。

---

① 维那：寺院里专门负责宣读、领诵经书的僧人。

第三章

宋代·末茶之巅峰

宋代是中国历史上一个比较特殊的时代，分北宋和南宋两个阶段，共历十八帝，上承五代十国，下接元朝，享国319年，是中国历史上商品经济、文化教育、科学创新都高度繁荣的年代。

英国著名经济学家安格斯·麦迪森在《世界经济千年史》中分析考证，宋咸平三年（1000年）宋朝的国民生产总值已达到265.5亿美元，占当时世界经济总量的22.7%，人均GDP约为450美元，超过当时西欧的人均400美元，宋朝民间的富庶与社会经济的繁荣程度都远远超过唐朝。宋代立国三百余年，内部没有发生过严重的宦官专权与军阀割据，兵变与民乱的次数也相对较少，虽然二度倾覆，但皆因外患。

经济的繁荣昌盛推动了宋朝政治、文化、科技的迅速发展，国泰民安。宋朝历任皇帝几乎都嗜好饮茶，特别是宋徽宗赵佶（1082—1135）。都说赵佶在管理国家政务上少有建树，但他在艺术上的成就很高，并且对治茶也有深入的研究。赵佶曾不拘一格任命、提拔有能力者管理贡茶院，派人四处寻找茶叶的新品种，大大促进了制茶产业的发展，被誉为“历史上第一高位茶人”。

赵佶还亲自著书《大观茶论》来记录当时的茶事，在《大观茶论》的序中，赵佶写道：“呜呼！至治之世，岂惟人得以尽其材，而草木之灵者，亦得以尽其用矣。偶因暇日，研究精微，所得之妙，人有不自知为利害者，叙本末，列于二十篇，号曰‘茶论’。”

赵佶认为最高境界的治国不仅仅是人尽其才，草木也须得物尽其用才是。《大观茶论》详尽地介绍了末茶的产地栽种、采摘制作、鉴赏分类、候茶用具、候茶程式，从本质到精神对末茶都给予了高度评价，他认为茶道的本质是“冲澹简洁，韵高致静”，茶道的精神是“致清导和”，并认为茶之精髓、茶之乐趣“非庸人孺子可得而知矣，冲澹简洁，韵高致静，则非遑遽之时可得而好尚矣”。

赵佶在《大观茶论》中自诩宋朝因为自己的“无为而治”而国泰民安，

一派太平盛世，无论是官宦富商，还是平民百姓，都沐浴着朝廷的恩泽，受到道德的教化与熏陶，世人无不以吃茶品饮为高尚风雅，不仅皇室贵族、官吏文人们“碎玉锵金”“啜英咀华”，连普通百姓也都热衷于吃茶、贮茶、玩茶。

人尽其才，物尽其用，赵佶或许不是一个治国良君，但可算是一个茶道英才，他对中华末茶道的贡献是有目共睹的。

在皇帝的热心引领下，各级政府雷厉风行，严格推进民间的茶叶生产，如：收购民间茶园，强令茶农将茶树移植到官营茶坊，接受政府统一管理；焚毁民间私茶，对私卖、漏税的罪行规定杖刑，直至处以死刑等。在这样严厉的行政管理下，宋朝的茶叶生产规模大幅度扩大，产量剧增。据《宋史·食货志》记载：“总为岁课江南千二十七万余斤，两浙百二十七万九千余斤，荆湖二百四十七万余斤，福建三十九万三千余斤，悉送六榷货务鬻之。”

大量的茶叶除了满足民间需求外，还对外“用于博马”。早在唐代，政府便开始了与西北地区回纥等少数民族以茶换马的茶马贸易，到了宋代则更加频繁，在四川的名山等地设置了专门管理茶马贸易的茶马司，交易量更加扩大了。茶马贸易不但满足了国家对于战马的需要，维护了西南边境的安全，还为朝廷提供了巨额的茶利收入。可以说，宋朝的富庶与当时的茶税收入是分不开的。

宋时对茶的品质极为讲究，治茶更为系统、严密，据《宣和北苑贡茶录》记载，在极盛时期团茶的种类多达40余种。

宋代上层社会十分热衷于茶事，他们讲究生活情调，日子过得精致优雅，这与他们大多在官场有个一官半职、旱涝保收吃俸禄有关。中国自古以来崇尚读书做官，“满朝朱紫贵，尽是读书人”，《茶录》《茶谱》《茶述》《品茶要录》包括后来的《茶疏》等的作者都是读书人出身的官吏。宋时官员最为潇洒悠闲，每年的假期有一百六十多天，官吏们的俸禄又为历朝历代最高，文人们有闲、有钱，便开始追求更高的生活质量，号称“四大雅事”的闻香、书画、插花、点茶，成为他们的日常。文人们闲暇时一起吟诗、作画、赏花、闻香、啜茗，成就了宋时茶事的厚重文化内涵。

第一节　宋代制茶技艺

《宋史·食货志》载："茶有二类，曰片茶，曰散茶。片茶蒸造，实卷模中串之，唯建、剑则既蒸而研，编竹为格，置焙室中，最为精洁，他处不能造。有龙、凤、石乳、白乳之类十二等，以充岁贡及邦国之用。……散茶出淮南、归州、江南、荆湖，有龙溪、雨前、雨后之类十一等。江、浙又有上中下或第一至第五为号者，……民之欲茶者，售于官，给其日用者，谓之食茶。"片茶[①]，顾名思义，片状，并非一片茶叶，而是一枚薄饼，即团茶、饼茶；与之相对应的另一种就是散茶，是不经蒸青直接晒干的茶叶。

一、千金团茶

南唐归顺北宋后，朝廷就废弃了唐代顾渚山贡茶院，在今福建建瓯东峰镇建立了北苑御茶园。据《画墁录》记载，常衮（729—783）在担任福建观察使兼建州刺史期间主持片茶的研制，在原有的饼茶模具上雕刻龙凤图案，这样压制出来的团茶表面显有龙凤，很是喜庆，被称为"龙凤团茶"。《宣和北苑贡茶录》中有："太平兴国初特置龙凤模，遣使即北苑造团茶，以别庶饮，龙凤茶盖始于此。"说北宋太平兴国三年（978年）朝廷设置龙凤茶模"銙"，遣使至北苑（今福建省建瓯市东峰镇）督造御用团茶，以团茶上的龙凤图案来区别于民间团茶。由此可见，宋朝的龙凤团茶为皇家专享，寻常人不得染指。

在北苑御茶园的发展史上，丁谓、蔡襄两位转运使都作出了卓越的贡

① 唐宋时期，饼茶、团茶统称为"片茶"，意为薄薄的片状的茶。

献。丁谓（996—1037），字谓之，北宋苏州长洲（今江苏苏州）人。淳化三年（992年）进士，曾任礼部尚书、参知政事、枢密使（宰相），乾兴元年（1022年）封晋国公。丁谓是爱茶之人，咸平元年（998年）被任命为福建漕运使后，亲自深入北苑制茶工厂，督造龙团凤饼，发明了“大龙团”，当时被称为“天下之最”。“大龙团”制作不易，年产不过四十饼，“专拟上供，虽近臣之家，徒闻之而未尝见”[①]，可见其稀罕。

蔡襄（1012—1067），字君谟，号莆阳居士，谥号忠惠，福建仙游人。与苏轼、黄庭坚、米芾并称宋代四大家。蔡襄是个及其爱茶之人，出任福建漕运使时，对治茶尤其用心，研发出比大龙团更为精致、小巧的团茶，称“小龙团”（大龙团八饼一斤，小龙团二十饼一斤）。欧阳修曾形容“其品精绝，谓小团，凡二十饼重一斤，其价值金二两，然金可有而茶不可得”[②]。二十个龙团饼才重一斤，一只茶饼还不到一两，可谓之小，二两黄金才一斤团茶，可谓之贵，被称为史上最昂贵的茶。如此稀罕的团茶，宋仁宗也是十分珍视，赐茶时中书、枢密院各赐一饼，四人分之。“然金可有而茶不可得”，以致当时的王公将相都发出“黄金可得，龙团难求”之感叹（见图41）。

宋徽宗赵佶在《大观茶论》中对龙团凤饼大为赞赏：“龙团凤饼，名冠天下。”之后不久，到建安为官的郑可简[③]又刷新了制造团茶的记录，郑可简虽非朝廷委派专司治茶的官员，却对制茶很是刻苦钻研，别出心裁地制造出“银线小芽”“银丝水芽”，号称“龙园胜雪”，也称“龙团胜雪”。据《宣和北苑贡茶录》[④]载：“宣和庚子岁，漕臣郑公可简始创为银丝水芽。盖将已拣熟芽再剔去，只取其心一缕，用珍器贮清泉渍之，光明莹洁，若银线然。其制方寸新銙，有小龙蜿蜒其上，号龙园胜雪。”采摘下来的茶嫩叶，经过蒸青后再次挑拣，剔除外叶，只取其芯叶一缕，浸泡在盛有清泉的“珍器”之中；选用新设计的模具，使得小茶饼上显有小龙蜿蜒，取名叫“龙园胜雪”。

---

① 宋朝张舜民《画墁录》。以“画墁”为名，其中多载宋时杂事，屡致不满之词。《宋史·艺文志》等均著录此书，自明代以后，久佚不传。清代修《四库全书》时，自《永乐大典》中搜辑遗文，编为8卷。

② 宋朝欧阳修《归田录》，笔记，著录于《欧阳文忠公集》。

③ 郑可简（生卒年不详），宋代官员，宣和元年（1119年）为福建路转运使，到北苑督造贡茶。

④ 详见陆明《茶典》中《宣和北苑贡茶录》，商务印书馆，2017年版。

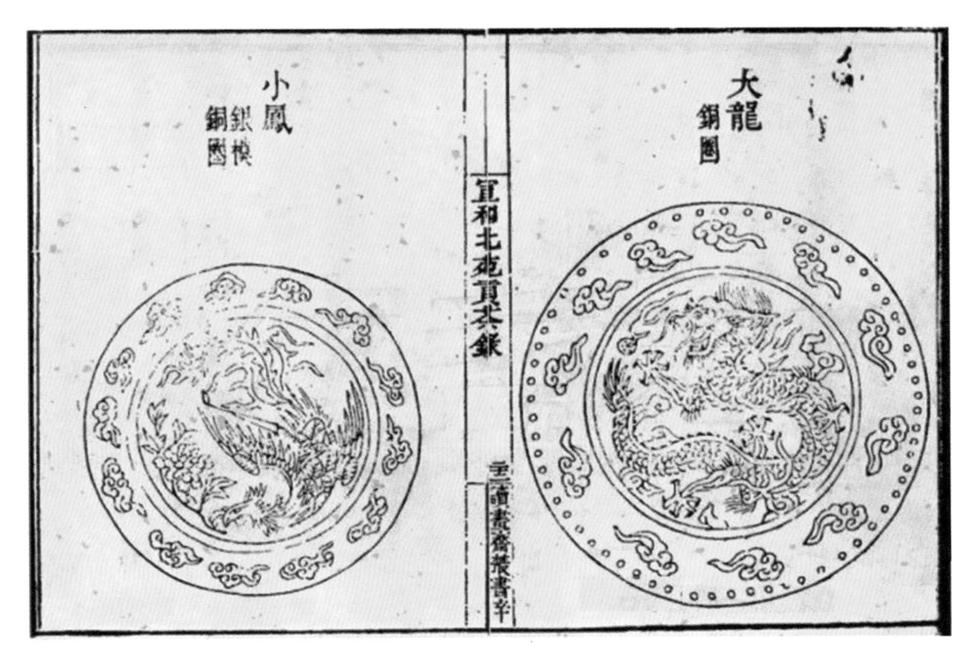

图 41 《宣和北苑贡茶录》中关于龙凤团茶的记载

“龙园胜雪”造价惊人，一斤茶饼光人工费用便值四万贯。皇帝龙颜大悦，立刻封官加禄，提拔郑可简为右文殿修撰并福建路转运使，令其专门负责督造进贡团茶，这也算是宋徽宗的“人尽其才”吧。

在爱茶皇帝和邀宠官员的推动下，“旷古未闻”的制茶神话在宋朝被不断地创造、刷新并超越。苏东坡有一首诗讥讽道：

> 武夷溪边粟粒芽，前丁后蔡相宠加。
> 争新买宠各出意，今年斗品充官茶。

这里讲的“前丁后蔡”就是指丁谓、蔡襄，还没有包括后面的郑可简。苏东坡以此诗来针砭那些为讨好朝廷而害得民不聊生的官吏，讥讽丁、蔡挖空心思邀宠买官，求得封官加爵。苏东坡在诗中还说：

我愿天公怜赤子，莫生尤物为疮痏。
雨顺风调百谷登，民不饥寒为上瑞。

苏东坡痛斥丁、蔡邀宠买官，认为他们是“疮痏”，说但愿这世界上不要生出这般“尤物”来祸害民众，对老百姓来说，真正的祥瑞是风调雨顺，是得到温饱，而不是这些珍品龙团。

虽然宋朝茶的产量很高，但真正高级的团茶却不多。建安北苑每年所产贡茶不到百饼，专供皇家享受，深藏于皇宫大内，朝廷也是倍加珍惜，很少赏赐大臣。宋时茶仪已成礼制，赐茶是皇帝笼络大臣、眷怀亲族、亲和国外使节的重要手段，但由于极品团茶太过于珍贵，便有了“金可有而茶不可得”的说法。唯有每年的大祭之时，皇帝才会取出两个茶饼来赏赐给两府的正副长官，大概八人平分两个茶饼，每个人只能分到四分之一个茶饼。得到赏赐的大臣们，无非是把茶饼“供奉”起来，有宾客到访时才恭恭敬敬地请出来给大家观赏一下，以炫耀一下自己的得宠。文人官吏们经常为能够获得皇帝赏赐的半片团茶而受宠若惊、感激涕零，视此为光宗耀祖。苏东坡也曾有幸得到过，他得到御赐的团茶后便兴冲冲地带去无锡与好友分享，还特意写了一首诗记述此事：

惠山谒钱道人烹小龙团登绝顶望太湖

（宋·苏东坡）

踏遍江南南岸山，逢山未免更留连。
独携天上小团月，来试人间第二泉[①]。
石路萦回九龙脊，水光翻动五湖天。
孙登无语空归去，半岭松声万壑传。

---

① “天下第二泉”，即江苏省无锡市的惠山泉，现已干涸。

二、尽去其膏

唐代的饼茶，在宋时称为团茶，不仅仅是体量越做越小，而且加工方式也发生了重大改变，虽同样是将鲜叶蒸青压制成饼茶，却有着本质的区别。

唐代将茶叶用蒸笼杀青后，趁热捣烂，强调“畏流其膏”，担心茶内质过度流失而造成茶的滋味淡薄，影响饼茶品质。为了尽可能地保存饼茶的内质，并没有将茶叶捣得十分烂，捣制的程度为“叶烂而芽笋存”，饼茶碾磨成末、煮成茶汤后的颜色仍然是明亮的嫩绿色。陆羽在《茶经》中用黄绿色的枣花来比喻末茶的泡沫：“如枣花漂漂然于环池之上。”卢仝有“碧云引风吹不断”[①]之句，范仲淹亦有“黄金碾畔绿尘飞，碧玉瓯中翠涛起”[②]之词，这些都佐证了唐人所崇尚的末茶是绿色的。

宋代团茶的制作方式比之唐代大为烦琐，《北苑别录》中记载了宋时制造团茶的过程：采茶、拣茶、蒸芽、榨茶、研茶、造茶（压榨、入模）、过黄等。制作饼茶需先将茶嫩叶用蒸笼杀青，杀青要求“蒸芽必熟，去膏必尽。蒸芽未熟则草木气存，去膏未尽则色浊而味重”，过度的蒸青会破坏茶叶的叶绿素。“茶既蒸熟，谓之‘茶黄’，须淋洗数过（欲其冷也），方入小榨以去其水，又入大榨出其膏（水芽则以马榨压之，以其芽嫩故也）。先是包以布帛，束以竹皮，然后入大榨压之，至中夜，取出，揉匀，复如前入榨，谓之翻榨，彻晓奋击，必至于干净而后已。盖建茶味远力厚，非江茶之比。江茶畏流其膏，建茶唯恐其膏之不尽，膏不尽则色味重浊矣。”[③]“榨欲尽去其膏，膏尽则有如干竹叶之色。”

压榨后的茶还要研膏，研膏的工具为：“以柯为杵，以瓦为盆。”出土的宋朝陶制研钵的内部都有刻纹，这是为方便研磨鲜叶而制的。“研”出来

① 详见唐代卢仝《走笔谢孟谏议新茶》。
② 详见《和章岷从事斗茶歌》。范仲淹（989—1052），字希文，苏州吴县（今江苏省苏州市）人，北宋时期政治家、文学家。
③ 详见宋代赵汝砺《北苑别录》。

的茶比捣出来的更加细腻。制茶中对研膏的用水量也有明文规定："分团酌水，亦皆有数。上而胜雪、白茶以十六水，下而拣芽之水六，小龙凤四，大龙凤二，其余皆以十一二焉。自十二水以上，日研一团。自六水而下，日研三团至七团。每水研之，必至于水干茶熟而后已。"需研十二水以上的，每天只能研磨制作一团茶,可见宋朝制作团茶用工之费。如此这般反复榨制、研磨，茶饼中的茶多酚和咖啡因基本上都被除去，自然也就不苦涩了，制作出来的茶色如同晒干的竹叶，调出来的茶汤像牛奶一样白。宋时的文人醉心于这种白色的茶沫，称之为云、赞之为雪，并特意选用黑褐色的建盏来盛茶，通过强烈的色彩对比突出沫饽之白，将茶碗表面漂浮着的浓厚末茶泡沫比为"粥面"，宋朝人对末茶之白色的追求近乎疯狂，远离了茶品的天然滋味与吃茶的本意。

宋代团茶制作方法异于唐朝，与茶叶的品种变化有直接的关系。《北苑别录》里提到了江茶与建茶的区别："盖建茶味远而力厚，非江茶之比。江茶畏沉其膏，建茶唯恐其膏之不尽，膏不尽，则色味重浊矣。""江茶"是指江南地区所产的茶，多为中小叶种；"建茶"是指福建的茶，多为中大叶种，叶片又大又厚，滋味浓烈。我们熟悉的乌龙茶就是建茶，若不去除茶汁，制成的末茶将非常苦涩，难以下咽，所以不得不努力把茶叶的内质去除干净，这样看来，宋代团茶制作方式的改变也是有其不得已的原因的。

三、水力茶磨

最早利用齿轮传动原理制造的机械旋转装置大约要数欧洲的旋转木马了，在叙利亚、约旦等地多个公元前遗迹的发掘中都发现了使用齿轮构造的旋转木马，考古人员在同时期的希腊古迹中发现的公元前的土罐上刻有人使用机械石磨的画面（见图 13），这些都说明欧洲在公元前 300 年左右就已经有了半机械化的石磨。

中国利用水的力量带动石磨加工粮食的记载大约可以追溯到五代时期。上海博物馆藏宋代画家卫贤的《闸口盘车图》（见图 42）中，正面有一座水

图 42 《闸口盘车图》局部（上海博物馆藏）

磨坊。水磨坊分为上下两层，下部有一个水平放置的巨大水车，用水槽引过来的水流冲泻在水车的叶片上，推动水车水平转动。水车的中心轴笔直地升到水磨坊的上层，带动一个巨大的石磨，石磨的旁边还备有多个用来盛放粮食的巨大瓦瓮。

本书前面介绍了中国大约在晋代就开始了用茶磨来碾磨末茶的历史，众所周知，人的力量毕竟是有限的，靠人力来推动茶磨碾磨末茶，其产量也是很有限的，而使用机械则完全不同，《宋史》中有多处关于古人利用水力来推动茶磨加工的记载：

“元丰中，宋用臣都提举汴河堤岸，创奏修置水磨。”

“元祐初，宽茶法，议者欲罢水磨。户部侍郎李定以失岁课，持不可废；侍御史刘挚、右司谏苏辙等相继论奏，遂罢。”

“绍圣初，章惇等用事，首议修复水磨。乃诏即京、索、大源等河为之，以孙迥提举，复命兼提举汴河堤岸。”

“绍圣初，兴复水磨，岁收二十六万余缗。四年，于长葛等处京、索、溴水河增修磨二百六十余所，自辅郡榷法罢，遂失其利，请复举行。”

“大观元年，改以提举茶事司为名，寻命茶场、茶事通为一司。三年，复拨隶京城所，一用旧法。”

政和二年，“‘水磨茶自元丰创立，止行于近畿，昨乃分配诸路，以故至弊，欲止行于京城，仍行通客贩，余路水磨并罢。’从之。四年，收息四百万贯有奇，比旧三倍，遂创月进。”

综上所载，大致可以判断宋朝水力茶磨的发起、废弃、修复、增修以及被限制的过程，在此不复赘述。

在长卷《大宋诸山图》[①]的末尾，有一幅“水磨坊图”，绘的是水磨坊的立面图（见图43），并且标注有详细的说明与尺寸。

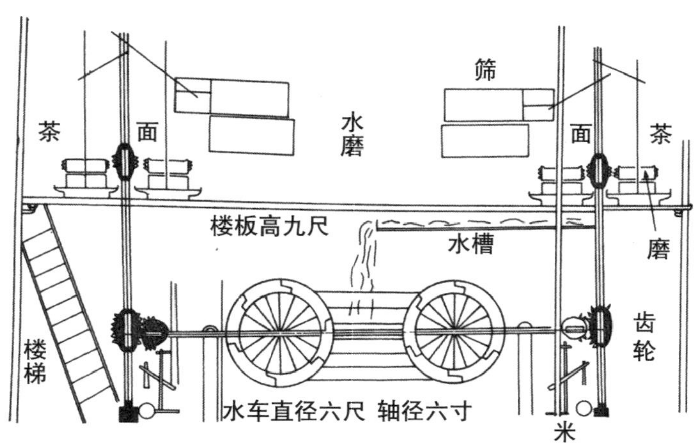

图43 《大宋诸山图》局部“水磨坊图”（笔者译）

① 三轮茂雄《粉的文化史》（粉の文化史），株式会社新潮社，1987年版。

此图说明，宋朝时至少在一些著名寺院里，碾磨末茶用的茶磨与加工米面等粮食用的石磨是同等重要的生活必需品，水磨坊里的普通石磨与碾磨末茶的茶磨并排安置，可根据需要来选择使用。

图中的水磨坊是两层建筑，底层的立式水车的车轮直径达六尺，水车带动左右两根主立柱转动，为主动垂直立轴，底层可见主动垂直轴的两侧安置有石臼，用于舂捣粮食，在上层可见主动立轴带动二级从动轴，二级从动轴再带动左右两盘石磨，一边是碾磨谷物的普通石磨，另一边是碾磨末茶的专用茶磨，茶磨旁边还有筛子，筛子也连接在二级从动轴上，利用水车的力量来筛粉。寺院的水磨坊设计非常实用合理，一套水利设备可以带动多种粮食加工器具，同时还可以加工末茶，以供僧人们日常之需。

这幅长卷《大宋诸山图》被日本僧人带到日本，其中的“水磨坊图”也成为日本现存的最古老的建筑设计图纸，故该长卷被定为国宝。

四、各类散茶

《宋史·食货志》记载:“茶有二类，曰片茶，曰散茶。……散茶出淮南、归州、江南、荆湖，有龙溪、雨前、雨后之类十一等。”宋朝虽然有制作精良的团茶，以供“岁贡及邦国之用”，但同时也有散茶，散茶的数量远远大于团茶。上层人士享受团茶，普通百姓则以饮用散茶为主。王安石《议茶法》载:“夫茶之为民用，等于米盐，不可一日以无。”茶成为百姓生活的必需品，不但家家户户饮用，甚至还由家庭走向社会，由“比屋之饮”到茶肆、茶行、茶馆,形成行业系统。孟元老的《东京梦华录》以及张择端的《清明上河图》中都很清晰地展现了东京汴河两岸茶坊繁多、生意兴隆的景象。

宋代自上而下有各种各样的茶礼、茶仪习俗，皇家以茶祭祀天地、笼络大臣，寺庙用茶供奉佛灵、慰谢檀越。百姓人家迁徙搬家，邻里之间要“献茶”；有客来访，主人会敬“元宝茶”；男女订婚时，男方要“下茶”；婚庆大礼时，双方有“定茶”，向长辈敬“改口茶”；新婚夫妻同房时，夫妇间要行“合茶”。

宋朝的上层文人士族崇尚末茶，而民间制作散茶，散茶与团茶一样，身份也分三六九等。高级散茶同样也被皇室用来祭祀宗庙、赏赐近臣。

宋代传承下来的大量史籍以及诗赋书画大多围绕团茶展开，很少有关于散茶的描述。虽说事实上饮用散茶的人口数量远远多于饮用末茶的人口数量，但遗憾的是，有资格编著史书、留下丹青的官吏文人们却都是享受或向往末茶的阶层，他们顺理成章地醉心于“碎玉锵金、啜英咀华”的雅事，很少去关注老百姓所用之散茶，或者说是不屑于去关注，以致留存下来的关于散茶的记载少之又少。

第二节　宋代茶器

宋末有人自称审安老人[①]，作了《茶具图赞》，书中以白描手法描绘了十二件茶具的图形，根据其作用、材质等特征赋予名、字、号，并按当时的官制冠以职称，细读《茶具图赞》，全篇赞语就是一篇儒家的道德说，反映出南宋文士待人接物、为人处世的一般道德准则。可见审安老人对末茶、对末茶器的钟爱之情跃然纸上，颇有深意。明代野航道人朱存理有《茶具图赞·序》:“饮之用必先茶，而制茶必有其具。赐具姓而系名，宠以爵，加以号，季送之弥文。然精逸高远，上通王公，下逮林野，亦雅道也。愿与十二先生周旋，尝山泉极品以终身，此间富贵也，天岂靳乎哉。”朱存理不但对《茶具图赞》很是赞赏，同时也流露了自己对“十二先生”的仰慕，企望能够与山水茶香终身相伴。笔者常思忖，若是人在每日饮茶之际，都能默念一遍《茶具图赞》，则如何不得悟道？

这十二件茶器大多能在陆羽《茶经·四之器》中看到身影，“十二先生”是按照茶道候茶的顺序排列的，细读《茶具图赞》，基本上也就能揣度出宋

① 审安老人，真实姓名不详，于咸淳五年（1269年）作《茶具图赞》。

代候茶的过程了。

（1）韦鸿胪（见图 44），名文鼎，字景旸，号四窗间叟。赞曰：祝融司夏，万物焦烁，火炎昆冈，玉石俱焚，尔无与焉。乃若不使山谷之英堕于涂炭，子与有力矣。上卿之号，颇著微称。

“鸿胪”是两汉时期最主要的外交主管机构，掌管礼宾，负责诸侯及藩属国事务。“胪”与“炉”谐音双关；姓“韦”，表示是用竹子或者芦苇编织而成的；“文鼎”“景旸”都表明其带有升火加热的功能；“四窗间叟”表示茶炉开有四个窗，能够通风发热。从文字描述来看，这个鼎状的茶炉像极了陆羽《茶经》中的风炉，也与《萧翼赚兰亭图》摹本里的唐代圆柱形风炉有相似之处。但是画中仅有一个竹编的笼子（图 44），这让很多人感到困惑，笔者认为，这很可能是一个罩在炉外使用的竹编罩子。

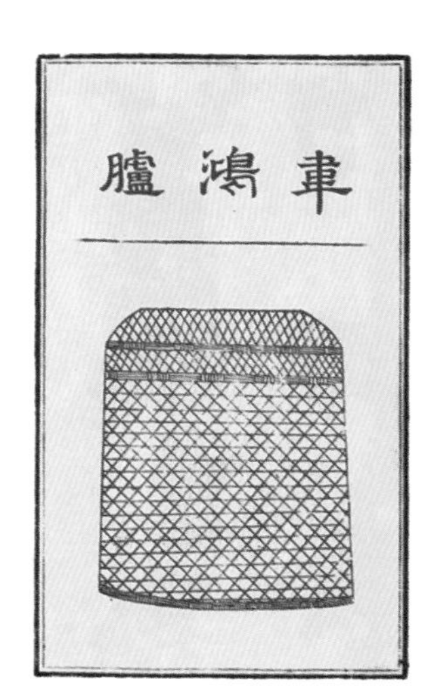

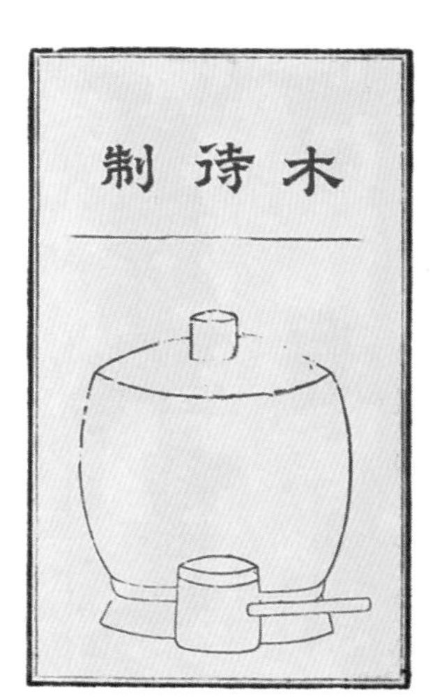

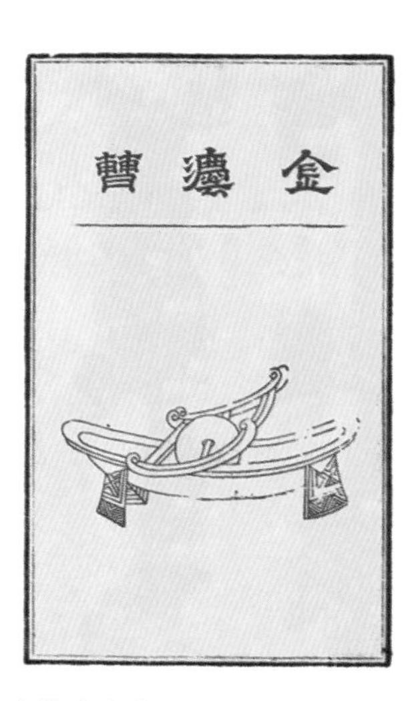

图 44　韦鸿胪（左）、木待制（中）与金法曹（右）

20 世纪 70 年代上海地区，婴儿的尿布大多使用家里的废旧床单缝制而成，是全棉的，很健康，大多清洗后可反复使用。梅雨季节尿布很难干燥，便会将一种用铁丝或者竹篾编成的圆底大筐反扣在煤球炉上，把洗过的尿布平铺在筐罩上，不一会儿尿布就干了。韦鸿胪应该就是这样一个炉子与竹编笼状筐罩的组合，是用来二次干燥团茶的。众所周知，团茶在粉碎前需要反复烘烤，直至干燥酥脆。赞词中的“祝融”是足以令“万物焦烁，火炎昆冈，玉石俱焚，尔无与焉”的火神，“山谷之英”是指茶，烘烤团茶不能太接近明火，否则便“堕于涂炭”，烧焦成灰，炉子外罩上一个竹制的焙笼（筐罩），便不至于烤焦了。

（2）木待制（见图44），名利济，字忘机，号隔竹居人。赞曰：上应列宿，万民以济，禀性刚直，摧折强梗，使随方逐圆之徒，不能保其身，善则善矣，然非佐以法曹、资之枢密，亦莫能成厥功。

木待制是捣碎团茶所用器具，由杵和臼组成，与一般捣碎鲜叶的臼不同。姓“木”，表示是用木材制成的，说能救人于江海之上。“隔竹敲茶臼”出自柳宗元的《夏昼偶作》：“南州溽暑醉如酒，隐几熟眠开北牖。日午独觉无馀声，山童隔竹敲茶臼。”“隔竹居人”，这是表明了使用方法。赞语：对应天上的星宿，万民刳木为舟，以济江海。

碾磨末茶时不能把团茶完整地扔到石磨或者碾子里去，需要先敲碎成小块。

“待制”是值班待命之官的职名。“木待制”谐音“木待炙”，意思是随时准备接纳烘烤干燥好的团茶入内以捣碎。“字忘机”，“机”与“齑”同音，齑是指碎末，意为要把团茶捣碎，碾磨成齑粉。木待制“秉性刚直，摧折强梗”，木杵当然是笔直的。不管是什么形状的茶饼，方的或是圆的，只要放入木臼，都能被砸得“粉身碎骨”。这件物品虽然很是不错，但若是没有茶碾和筛子的再度加工，是不能够大功垂成的。

（3）金法曹（见图44），名研古、轹古，字元锴、仲鉴，号雍之旧民、和琴先生。赞曰：柔亦不茹，刚亦不吐，圆机运用，一皆有法，使强梗者不得殊轨乱辙，岂不韪与？

金法曹指的是茶碾。姓“金”，表示用金属制成。“研”，碾磨也；轹，车轮碾压也；锴，铁的别称，亦指“好铁”；鉴，审察、鉴别。曹者，槽也，碾子中必有凹槽。法曹是宋时的司法机关。自称是“雍之旧民”，雍州被“四山之所拥翳”，碾槽形状正如被四山所拥的雍州一般，不管是什么茶，无论是软的还是硬的，一概收入碾槽，碾轮在槽中滚动，按轨就辙，绝对不会“出轨”，来来往往，把砸碎了的团茶小块压碾成粉末，金属摩擦的声音如琴似瑟，很是和谐。

（4）石转运（见图 45），名凿齿，字遄行，号香屋隐君。赞曰：抱坚质，怀直心，啖嚅英华，周行不怠，斡摘山之利，操漕权之重，循环自常，不舍正而适他，虽没齿无怨言。

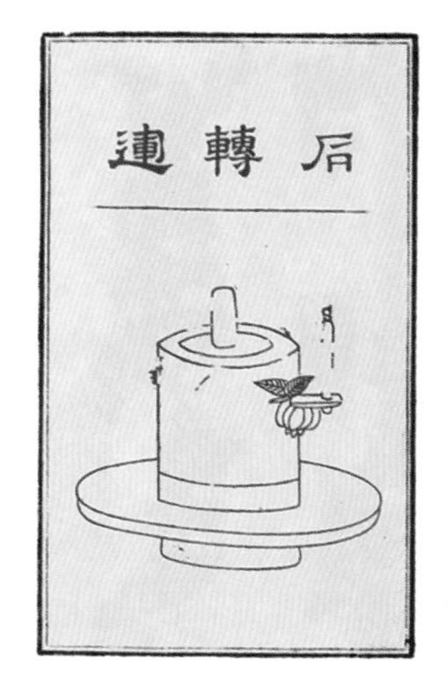

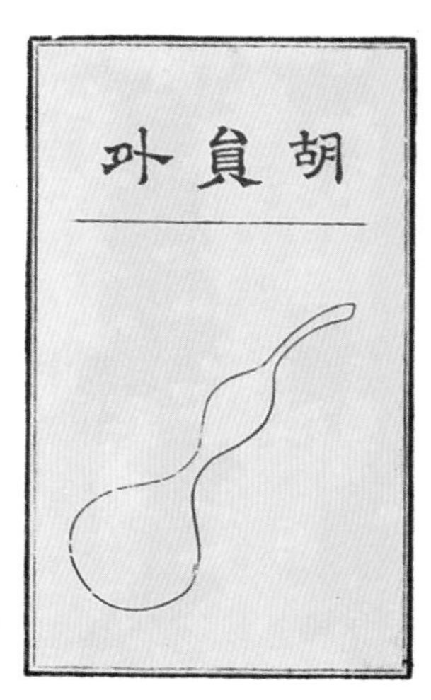

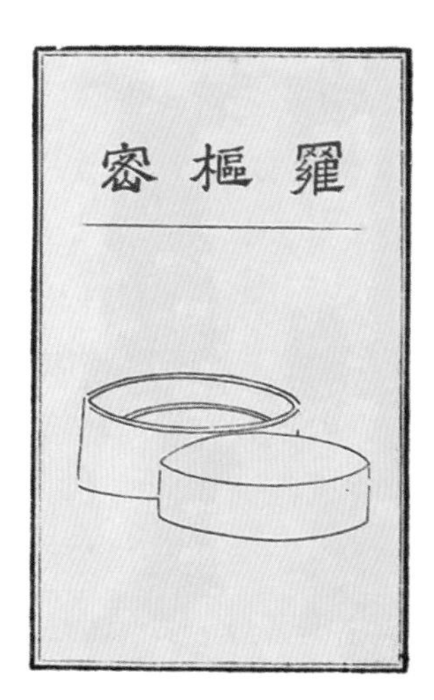

图 45　石转运（左）、胡员外（中）与罗枢密（右）

石转运指的是茶磨。碾茶用的茶磨是用石头凿成的，自然姓石了。“转运使”是宋代负责运输物资的长官，从字面上看又有辗转运行的意思，与磨盘运行的性质十分吻合。茶磨碾磨茶叶，石磨会因摩擦而发热，达到提香的作用，形容为“香屋隐君”很是贴切。茶磨有芯轴在圆心，运行自然不会偏离，从石磨的周行不怠，引申为转运使（亦称“漕司”），漕又暗喻上下磨盘的接触面上的槽齿。漕司是宋朝的高级官员，“周行不怠”“循环自常”是夸奖漕司虽然重权在握，却也自律不骄、勤勉不怠。

“啖嚅”是吞吐的意思，吞入团茶碎片，吐出绵绵细粉。茶磨上下磨之间的槽齿经过长期的摩擦后必然有磨损，故用“虽没齿而无怨言”来赞誉茶磨的辛勤劳作。

（5）胡员外（见图 45），名惟一，字宗许，号贮月仙翁。赞曰：周旋中规而不逾其闲，动静有常而性苦其卓，郁结之患悉能破之，虽中无所有而外能研究，其精微不足以望圆机之士。

姓“胡”，暗示用葫芦制成，指舀水用的水勺。“员外”是官名，即员外郎，本谓正员以外的官员，后世因此类官职可以捐买，故有钱人皆被称为“员外”。“员”与“圆”谐音，暗示“外周为圆”。惟一，暗喻了计量之意，或表示分茶时务必一碗一勺，或表示添加水时一勺到位。“宗许”是晋代高士宗炳、许询的合称，宗炳是东林寺白莲社十八贤之一，许询与高僧支遁有交往，后世常用以表示离尘脱俗之意。汉蔡邕《琴操·河间杂歌·箕山操》中有“许由瓢”的典故，这里“许”字用在瓢上倒是很贴切。

月夜饮茶，月亮正好倒映在瓢勺里，把瓢勺誉为贮月仙翁非常形象。候茶待客时，瓢勺很辛劳，但依然劳作不懈，动静进退都依循既定程式，从不逾越。虽然瓢勺中空，与“圆机之士”相比较似乎欠缺一些精密内涵，但葫芦的空空如也，不正象征着人生无须对生活中的苦恼、郁闷患得患失，完全可以抛弃不留。

（6）罗枢密（见图45），名若药，字傅师，号思隐寮长。赞曰：几事不密则害成，今高者抑之，下者扬之，使精粗不致于混淆，人其难诸！奈何矜细行而事喧哗，惜之。

罗枢密指的是筛茶用的茶筛，姓“罗”，表明是有筛网，并且筛网由罗绢制成。“枢密使”是执掌军事的最高官员，“枢密”又与“疏密”谐音，和筛网的特征非常吻合。名若药，很形象，茶最初就是被当作药来使用的。傅师即傅父，古代保育和辅导贵族男性幼童的老年男子。思隐寮长，寮是住处、房子的意思，表示碾磨成的末茶收藏于罗筛下部的盒子里。

唐宋吃茶之前，需将团茶用微火炙干。“先以净纸密裹捶碎，然后熟碾”，碾成的粉末必须用筛子筛过。筛网必须要细密才能筛出细腻的末茶。宋代大文豪蔡襄在其《茶录》中说：“罗细则茶浮，粗则水浮。”也就是说筛孔细密，筛出的茶末就精细，点茶时悬浮于水；筛网过于稀疏，筛出的茶末就粗大，容易沉下水去。筛子使用时难免会发出一些不小的声响，难怪审安老人表示遗憾：“可惜如此精密雅致的物事却这般喧哗嘈杂。”

（7）宗从事（见图46），名子弗，字不遗，号扫云溪友。赞曰：孔门高弟，当洒扫应对事之末者，亦所不弃，又况能萃其既散、拾其已遗，运寸毫而使边尘不飞，功亦善哉。

集末茶用的扫帚用棕丝制成，姓“宗”（谐音棕）；“从事”为州郡长官

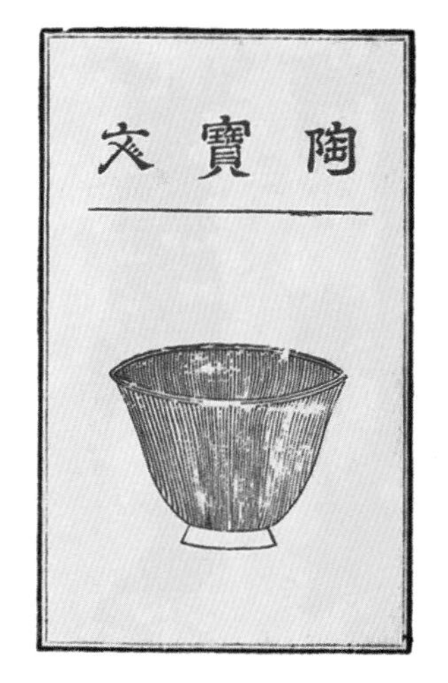

图 46　宗从事（左）、陶宝文（中）与漆雕秘阁（右）

的僚属，专事琐碎杂务；“弗”既“拂”，号“扫云”，宋朝的末茶接近白色，被誉为如云似雪，用棕帚来归拢末茶自然可称为“扫云”“拂雪”了；收集末茶自然要“不遗余末”。棕帚须轻拿轻放，才不令至末茶飞扬，关键就看手上的功夫了。

（8）陶宝文（见图 46），名去越，字自厚，号兔园上客。赞曰：出河滨而无苦窳（yǔ），经纬之象，刚柔之理，炳其绷中，虚己待物，不饰外貌，位高秘阁，宜无愧焉。

姓“陶”，象征茶碗为陶瓷；“宝文”之“文”通“纹”，表明器物上有优美的花纹。“去越”，表示非“越窑”所产。这里可见宋人对茶碗的喜好已经不同于唐朝。陆羽对越碗很有好感，非越碗不可，是为了使茶汤看上去更加翠绿。而宋朝茶人所追求的茶汤颜色是白色，且越白越好，所以要“去越”。蔡襄在《茶录》中说：“茶盏，茶色白，宜黑盏。”使用黑褐色的建盏更能显现出茶汤之白。

建盏产自福建建阳窑，大多呈倒伞（斗笠）状，碗底非常小。正因为是倒伞状，建盏在高温窑炉中，表面的釉溶解流下，才会在绀黑色的碗壁上显现出各种斑纹，或是带有赤褐色、咖啡色或银白色的毫光，很像光泽靓丽的兔毛，故称“兔毫盏”，“兔园上客”即指“兔毫建盏”。在《茶具图赞》

中，陆羽最爱的越碗被审安老人摈弃了。

建盏都比较厚实，“其杯微厚，熁之，久热难冷，最为要用”。碗厚不易冷却，对末茶的调制、发泡来说是一大利点。

（9）漆雕秘阁（见图46），名承之，字易持，号古台老人。赞曰：危而不持，颠而不扶，则吾斯之未能信。以其弭执热之患，无坳堂之覆，故宜辅以宝文，而亲近君子。

漆雕秘阁指的是茶碗的托，也称盏托，“漆雕”，直接表明是雕漆之器。盏托可以分成上、下两个部分，好像是藏有机关的秘阁。“直秘阁”，是宋代的官职名称。“承之”表明是用来承接茶盏茶碗的；“易持”则表示盏托是为了方便端持茶碗。宋人喜欢使用的建盏，呈斗笠状，底部很小，稳定性不够，放入盏托的环套里便很安稳，既不怕茶碗倾覆，也不必担心被滚烫的茶汤烫着。宝文，是指古代表示祥瑞的文字、图案，漆器的盏托上绘有这些文字图案，令人感到既温馨又亲近。中国古代的很多漆器盏托流落到其他国家，被收藏于博物馆中，日本东京国立博物馆收藏了一个中国南宋的漆雕屈轮纹盏托（见图47）。[①]

图47　南宋漆雕盏托（日本东京国立博物馆藏）

① 该盏托使用的是特殊漆艺“剔犀”。“剔犀”工艺是用几种颜色的漆有规律地反复交替髹涂，往往要涂400遍以上，耗时近一年，软干后雕刻，在刀口断面可以看到回环往复的各色漆线，日本人称之为“曲轮”。

（10）汤提点（见图48），名发新，字一鸣，号温谷遗老。赞曰：养浩然之气，发沸腾之声，中执中之能，辅成汤之德，斟酌宾主间，功迈仲叔圉，然未免外烁之忧，复有内热之患，奈何？

汤提点指煮水用的汤瓶，这里的汤瓶是可以放在炭炉上加热的，为金属制品或者是陶器。“汤”，即开水、热水；“提点”是宋代官职，宋朝各路有提点刑狱公事，京畿地区有提点开封府界诸县镇公事等，各掌司法、刑狱等事务。“提点”含“提举点检”之意，汤瓶可以提而注水以点茶；“发新”是指点茶中显出茶色，煮水候汤时通过水沸腾时的声音来辨别水的温度：“一鸣”指汤瓶加热时发出的响声；汤瓶用于煮山谷泉水，故号“温谷遗老”。

煮水不仅有蒸汽，更有响声，故谓“养浩然之气，发沸腾之声”，以手执汤瓶的控制能力，再辅以恰到好处的水温，汤瓶周旋、斟酌于宾主之间，其融洽气氛的功劳不可估量。然而，汤瓶外有炙火、内有热汤的“内外之忧患”也是无可奈何的事情。

唐朝煮茶大多采用茶釜、铫子，开口比较大，候茶人可以直接观察水的状况，陆羽《茶经》中有“一沸”“二沸”“三沸”之说，煮汤候茶，可以欣赏到“如鱼目”“如涌泉连珠”“腾波鼓浪”。南宋罗大经《鹤林玉露》中有记载：“茶经以鱼目、涌泉、连珠为煮水之节，然近世(指南宋)瀹茶，鲜以鼎镬，用瓶煮水，难以候视，则当以声辨一沸、二沸、三沸。”宋朝更多

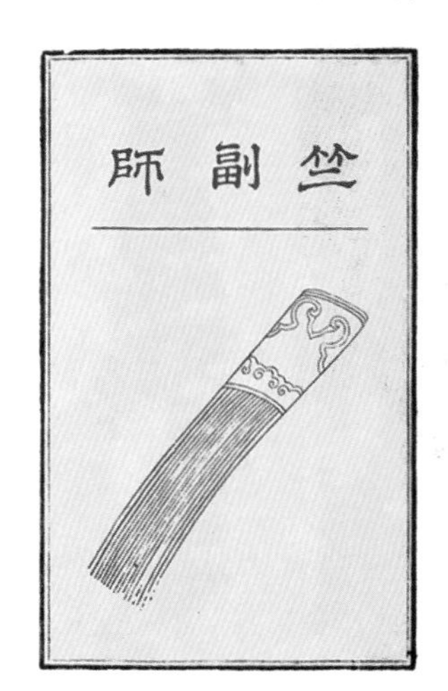

图48 汤提点（左）、竺副帅（中）与司职方（右）

地使用汤瓶。使用汤瓶可以直接注水于茶碗，省去了水瓢舀水，缺点是候汤时看不到水的变化，只能靠耳朵辨别水沸的程度。虽然难度提高了很多，但是能够用耳朵欣赏水声，也是古代茶人的一大乐趣。苏轼在《试院煎茶》中描述了用汤瓶煮水、以耳辨水的实践："蟹眼已过鱼眼生，飕飕欲作松风鸣。蒙茸出磨细珠落，眩转绕瓯飞雪轻。银瓶泻汤夸第二，未识古人煎水意。"

考古工作中发掘出很多唐宋时期的陶瓷汤瓶（执壶），其中很多不可直接放入燎炉炭火中烧煮，必须另外烧好开水，然后把开水灌入执壶中使用。上虞私人收藏的执壶（图 49、图 50）似乎也不适合直接放在炭火上烧煮，在《撵茶图》中，候茶人右手拿着的执壶很可能是陶瓷的，煮水用的是一个比较大的铫子。陶瓷的执壶既小巧轻便，又漂亮可爱（见图 51）。

（11）竺副帅（见图 48），名善调，号希点，号雪涛公子。赞曰：首阳饿夫，毅谏于兵沸之时，方金鼎扬汤，能探其沸者几稀！子之清节，独以身试，非临难不顾者畴见尔。

图 49　宋执壶[①]　　图 50　唐执壶[②]

①② 上虞私人博物馆藏。

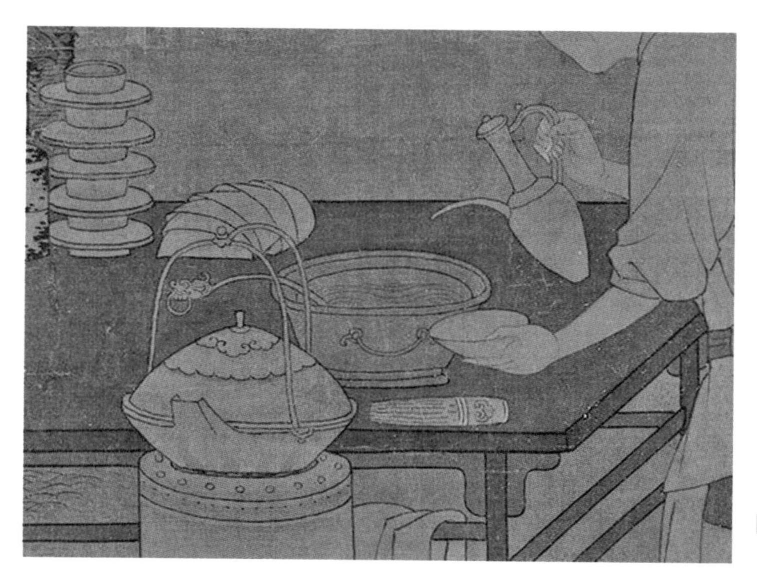

图 51 《撵茶图》中的汤瓶与铫子

竺副帅指的是调沸茶汤用的茶筅。姓“竺”,表明茶筅是用竹子制成的。“善调”指其功能，用于点茶。“希点”指其为“汤提点”服务。宋时末茶的泡沫为白色，“雪涛”出自于北宋诗人韩驹（1080—1135）的诗《谢人寄茶筅子》:“立玉干云百尺高，晚年何事困铅刀。看君眉宇真龙种，犹解横身战雪涛。”特指用茶筅调制后形成的浮沫如同冬天被风吹过的雪地上显出的白色波纹。

“首阳饿夫”说的是周武王打败商纣王，伯夷、叔齐两位老臣拒事周朝，饿死在首阳山，后世用来喻人忠贞不贰。“金鼎扬汤”借用伯夷、叔齐在开战之前力谏武王的典故，指茶釜中水被烧开后发出的响声，如此沸腾的开水之中，勇于“探身”的只有茶筅，茶筅以身赴汤，置生死危难于不顾，是谓真君子也!

江苏武进村前乡蒋塘村南宋墓考古中发现一只茶筅，该茶筅用两节竹子制作而成，竹节的一端作柄，另一端劈出细长丝条，还刷上了朱漆，是迄今为止考古发现的唯一一件茶筅。

关于茶筅的选材以及制作要点，宋徽宗在《大观茶论》里有描述:“茶筅以觔竹老者为之，身欲厚重，筅欲疏劲，本欲壮而末必眇，当如剑脊之状。

盖身厚重，则操之有力而易于运用；筅疏劲如剑脊，则击拂虽过而浮沫不生。”说制作茶筅应该选用多年的老筋竹，筅身厚重、筅丝细长有韧性才能点出好茶（见图52、图53）。

“子之清节”是指茶筅上有竹节，中国古代文人对竹子的好感度很高，他们在潜意识中把竹子之节与现实生活中的高风亮节联系在一起。虽然宋徽宗的《大观茶论》中并没有介绍茶筅上是否有节，但是《茶具图赞》所绘的茶筅是有节的，《斗浆图》《撵茶图》中的茶筅也都是有节的。元代谢宗可在其《茶筅》一诗中，也用文字告诉我们茶筅是有节的。从茶筅的构造来看，如果茶筅的中间没有节的话，估计竹子被劈开时可能会一裂到底。

茶　筅

（元·谢宗可）

此君一节莹无瑕，夜听松风漱玉华。
万缕引风归蟹眼，半瓶飞雪起龙芽。
香凝翠发云生脚，湿满苍髯浪卷花。
到手纤毫皆尽力，多因不负玉川家。

图52　《斗浆图》里的茶筅

图53　现代使用的茶筅

（12）司职方（见图 48），名成式，字如素，号洁斋居士。赞曰：互乡之子，圣人犹且与其进，况瑞方质素经纬有理，终身涅而不缁者，此孔子之所以洁也。

司职方指的是茶巾。“职方”是掌天下地图与四方职责的官员，这里借指茶巾是方形的。姓“司”，表明用丝织料制成；“如素”“洁斋”都告诉人们茶巾是用来清洁茶具的。“互乡之子”说的是一段孔子有教无类的佳话。传说在孔子生活的时代，互乡的民风不好，但孔子却接纳了一个来自互乡的求学少年。面对弟子们的疑惑，孔子解释说，少年愿意来找我，说明他有洁身上进之心，要肯定别人的优点，鼓励他进步，不能老想着他以前的事情。

涅是古代用作染料的黑色矿物，缁是黑色，“涅而不缁”的意思是即使被黑色污染，也不会变黑，比喻品格高尚，不受恶劣环境的影响。这个典故出自孔子在鲁国遭到排挤后，带领弟子们周游列国，在卫、宋等国都没受到重视，在赴晋的途中，子路劝他不要去投奔晋国。然而孔子坚信自己是君子，能够“磨而不磷，涅而不缁”，被磨砺了也不会变薄、被沾染过黑色也不会变黑。这里都是赞誉茶巾虽然用于洁器、擦拭灰尘，却能保持自身的洁净。

《茶具图赞》成稿于宋咸淳五年（1269 年），当时已然是宋末，其中所描述的茶器仅限于这十二种，自然不能涵盖当时末茶道的所有器具，有兴趣的话，读者还可以通过其他途径来了解和考证宋代末茶道使用的众多其他茶器。

第三节　宋代候茶

在唐宋六百多年的末茶历史中，末茶道候茶的方法大体有煮茶、分茶、茶勺点茶、茶筅点茶等，使用的煮（点）茶的常用工具为茶釜、铫子、喇叭口执壶等，这几种工具又可以与其他茶具自由组合。除去准备阶段的碾（磨茶)、罗(筛茶)外,其操演程序主要有:熁[①]盏、候汤、调制(击拂)、品饮。

生活习俗的进化与发展是一个渐变的过程，不可能在某年某月的某一天突然一刀切地变换成另外一种方式。饮茶作为一种生活习俗，必然会有多种方式同时存在，且各种方式相互影响，彼此渗透。细细阅读茶书古籍，阅读那些珍贵的传世古画，把这些古书、古画按照年代排列起来，便可以发现很多这样的依据。

两宋时期的候茶法似乎又回到唐朝以前的方式，如陆羽《茶经》所述："捣末置瓷器中,以汤浇覆之"[②]"以汤沃焉"。直接把末茶置于碗里,加入开水，只是不再添加盐，不同的是要增加一个特殊的程序，就是用茶勺或者茶筅击拂。

其实在陆羽的煮茶法中有一个动作叫"环激"。"第二沸出水一瓢，以竹筴环激汤心"，虽然陆羽此处的竹筴子是用来搅拌水的，但是否也可以用来搅拌末茶呢？事实上，竹筴子与茶筅的功能是不同的，竹筴子搅拌是为了均匀水温，而茶筅击拂则是为了把空气搅拌入茶汤，使之产生更多、更厚的泡沫。

一、茶勺点茶法

"茶勺点茶法"是每人一碗、茶勺击拂、供一人品赏的候茶方式。

蔡襄在朝为谏官时，以直言著称，所到之处亦多有政绩。在福州时，除民间蛊害；在泉州时，与卢锡共同建造了洛阳桥；在建州时，主持了从福州至漳州的七百里驿道的松树种植工程。蔡襄对茶的贡献在于他不但成功研制出"小龙团"，还著有茶书《茶录》。

唐朝的茶匙[③]是量取末茶的工具，因而也被称为茶则。陆羽《茶经·四之器》中记载:"则者，量也，准也，度也。"唐代候茶法以"竹筴环激汤心"，

---

① 熁(xié):烤。

② 详见曹魏时期张揖所著《广雅》。

③ 匙为量取末茶用的工具，相当于小调羹。杓，古时候称长柄勺的勺柄部分，现杓、勺通用。

目的是均匀茶汤的温度，竹筴“以桃、柳、蒲、葵木为之，或以柿心木为之。长一尺，银裹两头”。

唐朝的茶勺与竹筴在宋朝发展成击拂末茶的工具，白居易《谢李六郎中寄新蜀茶诗》有“末下刀圭搅曲尘”之句，“刀圭”乃量取中药的小勺子，此处也是用于搅拌茶汤的工具。蔡襄的《茶录》中更加详细地叙述了用茶勺点茶的方式：“茶匙要重，击拂有力。黄金为上，人间以银铁为之。竹者轻，建茶不取。”这里告诉我们唐末宋初，有竹制的茶勺，但是竹制的茶勺太轻，不适合击拂。茶勺要有些分量，才能甩击有力，最好用黄金或者白银制作。毕竟“搅拌”与“击拂”的手法不一样，目的、功效也不一样。

点茶时使用汤瓶注水，注水的汤瓶无须太大，以小为佳，方便掌控，落水有准头。点茶时茶与水的关系为“茶少汤多则云脚散，汤少茶多则粥面聚。钞茶一钱匕，先注汤，调令极匀，又添注入，环回击拂，汤上盏可四分则止，视其面色鲜白，着盏无水痕为绝佳。建安斗试以水痕先者为负，耐久者为胜”。点茶中茶少水多，泡沫就不易聚拢，如云一般散开；水少茶多，泡沫才能厚密如粥一样凝聚于碗面。

正确的点茶方法是取末茶一钱匕[①]，约当今的2克左右（一说为3.75克），放入茶碗，先注入少量开水，调至极均匀的浆糊状，称作“调膏”，调膏后再次注入热汤，同时用茶勺击拂（先环绕碗壁，把碗壁上的末茶糊刷下，再用力击拂），茶成时水面泡沫密集浓厚，鲜亮纯白。蔡襄在这里没有说明注汤的次数，因为用茶勺击拂时需要足够的空间，所以用汤的总量为茶碗的十分之四即可。

茶勺点茶法可以在宋徽宗的《文会图》（见图54）中获得确认。

现藏于台北故宫博物院的《文会图》，是北宋徽宗赵佶署名的绢本设色国画，纵184.4厘米，横123.9厘米，描绘的是北宋时期文人啜英咀华的场景。画中曲栏围池、山石修竹、树影婆娑，树下一张巨大的黑漆螺钿方桌上摆满了各种果食、酒樽、杯盏等。九个文人围着桌子，或端坐，或站立，或谈论，或

① 钱匕：古代量取粉末状药物的器具。原指用汉代的五珠钱币量取药末至不散落为一钱匕。一钱匕约合2克，宋代的一钱匕略大，一说为3.75克。见日月洲注《大观茶论》，九州出版社，2018年版。

图 54　宋《文会图》局部（台北故宫博物院藏）

持盏，或私语，儒衣纶巾、意态雅闲，另外有候茶侍从数人。画的右上角有赵佶亲笔所题《题文会图》诗：

> 儒林华国古今同，吟咏飞毫醒醉中。
> 多士作新知入彀，画图犹喜见文雄。

画的左上角是时任宰相蔡京所题和韵诗：

> 明时不与有唐同，八表人归大道中。
> 可笑当年十八士，经纶谁是出群雄。

黑漆螺钿方桌四周共有十一个座位，所有人的面前都已经派到了带托酒杯，只有后排左二白衣男子的面前还没有，一个小童正端着酒杯给他送来。有人说这个男子就是宋徽宗本人，这很有可能，因为画上头不戴冠且衣着比较随意的只此一人。

赵佶的《文会图》《大观茶论》比《茶录》晚了至少六十年，细读《文会图》，则会有一些疑问油然而生：

面对着候茶桌的小童右手捧着带托茶碗，左手持勺入钵，他从钵里舀什么呢？如果说是要舀出茶汤来分到各个茶碗里，那么就是说钵里的茶已经点好了，但是桌上却并没有击拂工具——茶筅（见图55）。

候茶桌上没有茶筅，这似乎不合理，笔者认为，对茶道如此之精通且能写出《大观茶论》这样精辟之作的徽宗皇帝应该不可能遗忘如此重要的点

图55　宋《文会图》中的仆从候茶

图 56 《文会图》中点茶用的勺子

茶工具。

站在左边方炉后身着赭色衣服的小童正伸出双手，他意欲何为？

黑漆螺钿方桌上，每个人的面前除了筷子以外，还有一柄细细长长的勺子（见图 56），这勺子又细又长，宽度不及两根筷子，不可能用于喝汤，并且桌上也没有汤，那么这勺子是用来做什么的？

笔者大胆想象：黑漆螺钿方桌上的文士们，特别是宋徽宗本人，是绝对不愿意放弃一次自己点茶的乐趣的，围绕茶案的侍童们仅仅负责为文士们点茶、斗茶做准备而已。茶案边上的燎炉里炭火正旺，盛着水的汤瓶在炭火上加热，侍童们负责温碗，可能是用开水烫，也可能是用炭火熁[①]；青衣小童正从茶罐中舀出末茶，加入每只茶碗中，由青衣小童右边的赭衣小童将加了末茶的茶碗连同茶托一起端送至主桌席，然后主桌席上的人开始点茶取乐：用桌上盛有开水的汤瓶注水，用自己面前的勺子来击拂——酒后的士大夫们准备斗茶了。

若是把《文会图》里的画面内容进行分解，几乎可以用作蔡襄《茶录》的插图，很能互为佐证。

---

① 蔡襄《茶录》里的温碗方式。

图 57　宋《撵茶图》（台北故宫博物院藏）

二、茶筅点茶（分饮）法[①]

“茶筅点茶（分饮）法”是用大瓯点茶、多次注水、茶筅击拂、供多人分享的候茶方式。

唐代陆羽的分饮法一直延续到后世，即便候茶的方法、使用的工具都发生了很大的变化，但一锅（一瓯）茶汤多人分饮的方式由于容易操作，且方便吃茶人之间的情感沟通，所以始终都很受人们的喜爱。

《撵茶图》是宋代刘松年[②]所绘，现收藏于台北故宫博物院（见图 57）。

---

① 唐朝陆羽在《茶经》中介绍了“一锅茶供多人饮用”的候茶方式，一般称为“分茶”，后宋朝陶谷的《荈茗录》中的“茶百戏”也被称为“分茶”，但此“分茶”非彼“分茶”也，为区别两者，在这里“一锅茶”分给多人饮用的方式称为“分饮”。

② 《撵茶图》，纵 44.2 厘米，横 61.9 厘米，台北故宫博物院藏。作者刘松年（1131—1218），钱塘（今浙江杭州）人，南宋孝宗时为画院学生，光宗时为画院待诏。

《撵茶图》描绘了宋朝文人雅士推磨煮茶、挥毫赏画的雅集场景。画面中，右侧有三人，一僧伏案执笔挥毫，书案对面坐着一人，与僧人面对面，正注目观赏，另一人坐在书案的尽头、僧人的右手边，此人双手捧着一幅展开的字画，眼睛却全神贯注地看着僧人挥毫。

画面左侧有一张黑色的候茶桌，上边排列着很多茶具，五只盏托叠起，放在桌子的左上角，六只茶碗摞在盏托的前面，前有一个茶罐，茶罐后边是一个叠放在双耳带盖大钵上的多层带足食盒，盏托与双耳带盖大钵之间还有一大一小两个精美的玳瑁罐子，桌上众多茶器的放置井然有序。

候茶桌的右后方有一个巨大的贮水瓮，上面盖有一片荷叶。茶桌的前方，一张方形的炉床（矮桌）上放着一个圆柱形的风炉,风炉上的带盖茶铫正在煮水。

一青衣男仆扎着围裙站在候茶桌右侧（见图 58），面前一个带有提手的敞口大瓯，露出一弯长长的勺柄，男仆左手拿着一只茶碗，右手提着汤瓶，

图 58　宋《撵茶图》局部——候茶桌与候茶人

正在向大瓯里注水。

画面左前方一仆役骑坐在长条矮几上，用细绳挽着袖子，正在推茶磨，磨盘的凹槽内已经积了不少末茶。茶磨旁边还有一把棕帚，棕帚下露出一个头部带有一个金属圈的勺子，这勺子和棕帚应该是用来收集末茶的，相当于陆羽《茶经》中用羽毛制成的“拂末”。整个画面线条流畅，布局疏密有序，层次井然，呈现出一派安详宁静的气氛。

图中大瓯旁有一柄制作精美的茶筅，竹节之上为手持部分，雕刻有图案，竹节之下是长长的伞骨状细丝。有人说这只茶筅是用对剖的半片竹筒制作的，截面是半个竹筒。仔细辨认茶筅的筅梢部分后可以发现，前排的筅梢并没有画到尽头，后排还显现出半圈茶筅的梢尖，茶筅的梢尖呈椭圆形；并且，如果是半片竹子的话，没有任何支撑的半片竹筒茶筅在桌子上应该显得更加扁平一些，几近于平躺着，表现竹子圆筒状的弧线也应该更加趋于平坦（直线）。所以这个茶筅应该是采用了完整的带竹节的竹筒制作的（见图59），而并非是半片竹筒。

青衣男仆面前的瓯比手里的茶碗大许多，男仆左手拿着茶碗，右手拿着汤瓶，桌上的茶筅相对于男仆所持的茶碗来说似乎太大了，要在这茶碗里进行点刷击拂几乎是不可能的。那么他在做什么呢？这是哪一种候茶方式呢？

若是把青衣男仆的动作与宋徽宗的《大观茶论》结合起来看，似乎就容易理解了。画面上的场景所表现的应该是：青衣男仆在大瓯内点茶，采用的方式很可能是宋徽宗特别喜欢的“七汤法”。青衣男仆点茶，一注水、二注水，直至六注水，点茶已经基本完成，男仆放下茶筅。

赵佶的《大观茶论》对这样的候茶法有详细的注解：第五汤时已经“茶

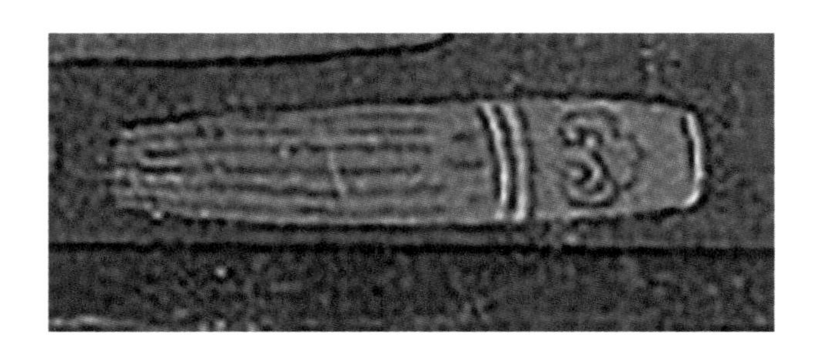

图59
宋《撵茶图》中的茶筅

色尽矣”；第六汤是用茶筅略拨动泡沫，使之“乳点勃结”，看上去更加美观；而第七汤仅仅是根据需要，“分轻清重浊，相稀稠得中”，添注一些水，“可欲则止”。第七汤仅仅是为了“分轻清重浊，相稀稠得中”，“可欲则止”，是可有可无、可多可少的，并且不需要使用茶筅。

这里，青衣男仆正准备用水勺舀出茶汤，发现瓯里茶汤的量需要调整，所以又拿起汤瓶，往茶瓯里添注了一些开水（第七汤）。

青衣男仆注水结束，接下来就要用茶钵里的水勺把瓯里的茶汤分舀到三只碗里。画上大瓯里露出的勺柄头部带有一个用于悬挂的圆环，可见这个勺子不小，用来分茶大小正合适。青衣男仆分茶后会把茶端送给画面右侧书案边的三个人饮用。

宋代诗人徐集孙在《寄怀里中诸社友》中有：“客枕梦残听夜雨，乡心愁绝对秋灯。何时岁老梅花下，石鼎分茶共煮冰。”说明宋朝在点茶的同时，也有煮茶分饮法和点茶分饮法。

宋徽宗经常在宫廷里以茶宴请大臣，兴致所至还亲自动手，有不少文献都有相关记录。如蔡京在《保和延福二记》中记载，宣和元年（1119 年），赵佶举办了一次声势浩大的茶宴：“过翠翘、燕阁诸处。赐茶全真殿，上亲御击注汤，出乳花盈面。”赵佶爱茶，并且对自己的点茶技艺有些沾沾自喜，点茶后总要让众大臣观赏一番，享受一下众大臣的颂扬后才饮用品尝。

蔡京在《延福宫曲宴记》中记载，宣和二年（1120 年），赵佶召宰执亲王等曲宴于延福宫，亲自动手，注汤击拂。“上命近侍取茶具，亲自注汤击拂，少顷，白乳浮盏面，如疏星淡月。顾诸臣曰：此自布茶。饮毕皆顿首谢。”皇帝亲自动手，注汤击拂，让群臣观赏后，命令“布茶”品饮。这里的“布”便是分派的意思。可见宋时上自帝王将相，下至文人僧侣，都会玩茶。

宋徽宗与众大臣在延福宫点茶、布茶，啜英咀华，宋徽宗是否会如《撵茶图》所绘，点一大瓯茶，然后分舀至茶盏赐给众大臣吃，尚不可断言。经常点茶的人知道，点茶时容器不能太大，水量不能太多，否则茶筅搅拌不均，不容易起沫饽。一次点茶能够三四人饮用已是极限。《撵茶图》上准备享受末茶的只有三个人，一瓯茶足够他们分饮了。而《延福宫曲宴记》中所述“宰执亲王等”“诸臣”表明人数较多，一瓯茶应当不够分，所以笔者推测有如下两种可能：

一是只有寥寥几个亲信可以喝到皇帝亲点的末茶，其他臣子则吃仆人们端上来的已经点好的末茶。但如果是这样，能够享受皇帝如此“厚此薄彼”待遇的事情，蔡京应该在《延福宫曲宴记》中添上一笔才是，然而我们并没有看到这样的记录。

二是皇帝点茶结束，交由众人欣赏，听完称颂，皇帝命令“此自布茶”，于是仆人们捧着一个大托盘上场，托盘里排列着许多茶碗，茶碗里是已经点好的末茶，将这些末茶分发给了众大臣，而皇帝点的茶只是他自己品尝。

宋代文人在很多论著中都阐述过分饮，陶谷[①]的《清异录》、周去非[②]的《岭外代答》、苏轼的《汲江煎茶》都非常具有代表性。周去非是南宋地理学家，他在《岭外代答·器用门·茶具》中记载了不少分饮（分茶）法所使用的器具：“雷州铁工甚巧，制茶碾、汤瓯、汤匮之属，皆若铸就，余以比之建宁所出，不能上下也。夫建宁名茶所出，俗亦雅尚，无不尚分茶者。”文中提及宋代的闽北、武夷山一带特别流行分茶。“皆若铸”，是说这些茶具虽然不是铸造的，但看上去如铸造的一般。

汲江煎茶

（宋·苏轼）

活水还须活火烹，自临钓石取深清。

大瓢贮月归春瓮，小杓分江入夜瓶。

雪乳已翻煎处脚，松风忽作泻时声。

枯肠未易禁三碗，卧听山城长短更。

三、七汤点茶法

“七汤点茶法”是指七次注水、茶筅击拂、一人或多人品赏的候茶方式。

① 陶谷（903—970），本姓唐，字秀实，邠州新平（今陕西彬州）人。
② 周去非（1134—1189），字直夫，永嘉（今浙江温州）人，著有《岭外代答》。

宋徽宗所著《大观茶论》全面讲述了宋代的治茶，其中对各种点茶工具都有详细的描述："盏：盏色贵青黑，玉毫条达者为上。取其燠发茶采色也。底必差深而微宽。底深，则茶宜立，易于取乳，宽则运筅旋彻，不碍击拂。"茶碗选建盏，以青黑色釉面的为贵，尤以有兔毫般细密条纹的为上品。众所周知，烧制建盏时为了釉能够流淌到碗底，形成细密的"兔毫"，盏形大多呈斗笠状，角度越大，融化的釉越容易流淌，形成细痕。虽然建盏的形状都差不多，但大小却差别很大，赵佶这里采用的是比较大的建盏。碗底略宽、碗略高，方便用茶筅搅拂茶汤；碗高，击拂时茶汤不易飞溅出来，方便沫饽的形成。深而宽的茶碗适合点茶，小而平坦的建盏适合分茶，但不适合点茶。

茶碗的保温性是形成沫饽的一大要素，所以点茶须先温碗："候汤最难，未熟则沫浮，过熟则茶沉。……凡欲点茶，先须熁盏令热，冷则茶不浮。"[①] 建盏边薄底厚，胎骨厚重、坚硬，当烧制温度达到1300摄氏度左右时，碗胎内会形成很多微小的空隙，这些小空隙使得建盏拥有了良好的保温性和隔热性。

自唐代晚期到北宋晚期，击拂末茶一直都使用茶勺，这在众多的文献记载中可以得到印证。赵佶是中国历史上第一个用文字对茶筅进行详细描述的茶人，其《大观茶论》中有："茶筅以觔竹老者为之，身欲厚重，筅欲疏劲，本欲壮而末必眇，当如剑脊之状。盖身厚重，则操之有力而易于运用；筅疏劲如剑脊，则击拂虽过而浮沫不生。"宋徽宗主张茶筅以隔年老壮的筋竹来制作，筅身要厚重，既可捏拿稳当，又可运转自如；筅丝细长，如剑脊一样细直流畅，末梢则要尖而细，便于候茶人发力，击拂、点刷就可以轻巧优雅。

对于末茶的击拂来说，茶筅较茶勺有明显的优势，茶筅更加容易把空气搅拌入茶汤，以形成更加浓厚细密的沫饽。我们可以比较用手动打蛋器打蛋和用筷子打蛋，虽然筷子也能把鸡蛋打至清黄交融，但需要较多的时间，而使用手动打蛋器却能很快达到效果。缩短点茶的时间是保持茶碗与茶汤

---

① 详见蔡襄《茶录》。

温度的关键，也是形成沫饽的关键。因此，当茶筅出现后，茶勺点茶法便很快被淘汰了。

《大观茶论》里也讲到了“杓子”，这里的“杓”[①]是舀取末茶粉末用的茶勺，并非舀开水用的水勺：“杓之大小，当以可受一盏茶为量，过一盏则必归其余，不及则必取其不足。倾杓烦数，茶必冰矣。”这里描述的候茶法属于七汤点茶法，使用汤瓶注水，不需要用水勺舀水。赵佶在书中强调茶勺的大小，应当以一碗茶所需的末茶的量为准，如果超过了一碗所需，那么多余的末茶要倒回茶盒去；若是茶勺太小，不够一碗茶所需，就必须再舀来补上，舀来舀去的次数多了，茶碗、热汤就凉了，难以形成沫饽。

《五百罗汉图》里有一幅图，一个僧人左手拿着末茶罐，右手拿着一支茶勺，正准备从末茶罐里舀出末茶来。僧人微微地斜着头，瞄向末茶罐，神态与表情都描绘得十分巧妙（见图 60）。从僧人面前放着的茶碗和手里末茶罐的尺寸来看，这支茶勺的大小应当是能够精确地量取“一钱匕”末茶的。

图 60　《五百罗汉图》局部——罗汉候茶

① 杓，意同“勺”，原来勺子的长柄称为杓，但是《大观茶论》中却相反，舀取末茶用的小勺称为“杓”，为方便阅读，叙述时统一为“勺”。

《大观茶论》里介绍了用茶筅点茶的具体方法：每人一个深而宽的茶碗，先用茶勺舀一勺末茶入碗，然后用汤瓶注水，用茶筅来击拂。这种点茶的方式很特别，要分七次注水："点茶不一，而调膏继刻，以汤注之，手重筅轻，……二汤自茶面注之，周回一线。急注急上。茶面不动，击拂既力，色泽渐开，珠玑磊落。三汤多寡如前，击拂渐贵轻匀，同环旋复，表里洞彻，粟文蟹眼，泛结杂起，茶之色，十已得其六七。四汤尚啬，筅欲转稍，宽而勿速，其清真华彩，既已焕发，云雾渐生。五汤乃可少纵，筅欲轻匀而透达。如发立未尽，则击以作之。发立已过，则拂以敛之。结浚霭结凝雪，茶色尽矣。六汤以观立作，乳点勃结，则以筅著居，缓绕拂动而已。七汤以分轻清重浊，相稀稠得中，可欲则止。乳雾汹涌，溢盏而起，周回旋而不动，谓之咬盏。宜匀其轻清浮合者饮之。"

注入少量沸水将末茶调成糊状，谓之"调膏"。点茶时，一次性注水太多，则粉末容易浮在水面，形成大量的"小团"（抱团），这样的"团"往往外面是湿的，但是里面还是干的。末茶一旦出现抱团，就无法再打碎，不但不能点出像样的沫饽来，而且口感极差。

赵佶认为，第一注将极少量的开水注入茶碗，充分搅拌末茶，将其调成糊状；"手重筅轻"，是因为注入的水量很少，无法击拂，这时候的动作更精确地说应该是"和"，"和（huó）面"的"和"，或称作"炼"。茶筅贴着碗底"刮""调"，边刮边调，糊状的末茶会沾在碗壁上，末茶吃透水分后颜色会变深。第二注是"周回一线"，开水不可浇在茶糊上，必须用急而聚的开水沿着碗壁"浇"一圈，这样可以把碗壁上沾着的末茶糊冲下来。此刻手上要用些力气，不仅要把沾在碗壁上的"珠玑"都冲落到水里，还要将厚而黏的"茶糊"与水搅拌起来。于是，末茶的颜色开始变淡。此时注入第三次水，"厚汤"变成稀薄的茶汤，继续用力击拂，这时候的茶汤表面已经形成泡沫，在光线的折射下，泡沫越来越接近白色。这时再加入些许开水（第四注水），击拂的幅度更大，但速度要慢，于是，沫饽基本形成。后面的第五至第七注都是在进行"微调"，调整茶汤的稀稠程度，即沫饽的多寡、粥面的形态以及成汤的量。事实上，当沫饽形成后，再贴着碗壁适当地添加一些水进去，对茶碗表面已经形成的沫饽并不会产生明显的影响。

笔者曾多次尝试七汤点茶法，感觉实施起来难度很高。按照蔡襄的“汤上盏可四分则止”来看，一只建盏注水 60～80 毫升，除调膏用去 5～10 毫升水外，剩下的 55～70 毫升的水要分六次注入，并且每次注水都有不同的要点、不同的讲究，这确实很难掌握。右手拿茶筅，左手拿起汤瓶注水，左手放下汤瓶、按住茶碗，右手用茶筅击拂……这样反反复复七次，还不能让茶汤凉了。要能够如此娴熟地掌握七汤点茶法这样的候茶方法，需要进行大量的练习。

笔者经多次实践比较后发现，在七汤点茶法过程中，前四次注水对茶汤的变化有明显的作用，第五汤便“茶色尽矣”，第六次注水是对泡沫“乳点勃结”的微调，变化不明显。最后的第七次注水主要用于调整茶汤量，可有可无，其量也是微乎其微的。古人对“三、五、七、九”这些吉数一向偏爱有加，或许宋徽宗的七汤点茶法也是为了满足这样一个“好数字”而设计的吧。

《文会图》描绘的候茶场景似乎也是用的七汤点茶法，但使用的点茶工具是茶勺，而不是茶筅。由此推论，宋朝七汤点茶法至少有茶勺点茶法和茶筅点茶法两种方式，并且可以是一个人单点独饮，也可以是如《撵茶图》那样分茶共饮。

在讲究健康卫生的今天，人们用得最多的候茶方式，便是一人一碗、分茶饮用的方式。

四、檀越接待

“檀越[①]接待”是一种由寺院主办，接待檀越、功德主和香客的候茶方式。

早期的禅宗没有偶像崇拜，佛家弟子对佛的信仰主要表现为对佛舍利的崇拜，他们认为舍利有佛真身存在的亲切感和神圣感。但因为人世间并没有那么多的舍利，于是便有了造像崇拜。

---

① 檀越：梵语音译，指施主。

自唐朝开始，逐渐有了罗汉信仰、罗汉崇拜，在《大唐西域记》中有许多记载。

罗汉，指佛教传说中永驻世间、护持正法的阿罗汉，唐朝时流行的十六罗汉，都是释迦牟尼的弟子。至宋初，则盛行十八罗汉。罗汉群体表现的厌世出离、清净禅修，逐渐成为神通广大、慈悲利生、赏善罚恶的象征，有感召信众的效果，于是经常有人书绘罗汉，并成为罗汉信仰的一种代表。苏东坡就为十八罗汉图写过《十八大阿罗汉颂》。南宋时期，东钱湖惠安院住持义绍禅师曾邀请民间画师周季常、林庭珪[①]用了整整十年时间，绘成《五百罗汉图》。当时，有日本来华的僧人在天童禅寺求法，其真诚向佛之心感动了义绍禅师，义绍禅师以“大千世界佛日同辉”为旨，将《五百罗汉图》等赠送于他。这些画作到了日本后辗转多地，最后被大德寺收藏，其间遗失了 6 幅。1638 年，日本画僧木村德应补齐了缺失的绘画，现大德寺藏有 82 幅，美国波士顿美术馆藏有 10 幅，华盛顿弗利尔美术馆藏有 2 幅。

《五百罗汉图》中有很多与吃茶有关的画面，其中的许多茶器和场景对于研究宋朝末茶道的发展、进化具有很高的学术价值（见图 61）。

图 61 为罗汉吃茶的场景，四名高僧两两分坐左右，每个人都手捧着带有红色漆器盏托的建盏，一位候茶人正在为他们点茶。其中三个僧人的茶已经点好，隐约可见茶碗里绿色的茶汤，候茶人左手持汤瓶注水，右手拿着茶筅，正在为画面左后方的一位僧人点茶。

其候茶的方式大体是这样的：先在偏房（茶会准备处）做好温碗、添加末茶等准备工作，然后将带托的茶碗在大托盘里排列好，由僧人或者居士端着托盘送至每位吃茶人的面前，吃茶人各自从中取出一个带托茶碗，端在手里，然后点茶人一手执壶、一手拿茶筅，依序为众人注水点茶。图 61 中所绘候茶桌上放置着多件茶具，其中一大一小两个外黑内红的奁盒，是装饼茶的小匣子，因为画中没有碾磨用具，所以也可能是用来放茶果子的。还有一只铜香炉；还有一个黑色的罐子似乎是末茶罐，打开的罐盖放在旁边。

---

① 周季常、林庭珪为南宋时期浙江宁波地区的民间画家，生卒年不详，专以佛造像为创作题材，所作罗汉图有百幅之多。

图 61 《五百罗汉图》局部——点茶（日本大德寺龙光院藏）

细观画中僧人们端茶碗的手势，左手端盏托，右手扶茶碗：左手的大拇指与食指抓稳盏托的缘，无名指和小指扣住盏托的底座；右手的大拇指与食指、中指一起扶住茶碗，防止茶碗在盏托上滑动，其余的两个手指从下面托住盏托。现在的茶道中，我们依然使用这种端碗的手势。

唐宋时期，寺院生活与茶是紧密结合在一起的，日常生活中的茶事、茶礼较多，茶已经渗透到寺院的一切生活起居之中。宋代重新编撰的《禅苑清规》中记载有“知事头首点茶”“堂头煎点”“僧堂内煎点”“众中特为尊长煎点”“入寮腊次煎点”等名目繁多的茶会。

寺院的对外茶会一般分为两类：一类是为接待朝廷大员、文人名士等尊贵客人而举行的茶会，参加者往往不多；另一类是为答谢重要檀越、大功德主而举办的茶会。第二类茶会由于要接待的人数较多，若是单由一个候茶人来点茶奉客，难免会让客人等待很长时间，所以会准备数个大托盘，在大托盘里放好已加好末茶的茶碗，茶会开始后，数人同时手捧托盘入场，为每一位客人奉上茶碗，然后多个候茶人拿着汤瓶与茶筅上场，分头为客人注水点茶，并奉上茶果子。檀越茶会是一种既有仪式感又不会太过冗长的茶会。

檀越茶会还被求学的外国僧人带到了周边的国家。日本京都建仁寺在每年 4 月荣西法师的忌日都会举办接待檀越的茶会——“四头茶会”。据说这种来自中国南宋的禅院茶礼，在建仁寺已经沿袭 800 年了。“四头茶会”采用的候茶方式，就是《五百罗汉图》中所绘的点茶方式。传说茶会上使用的汤瓶与建盏，都是当年荣西法师从大唐带回日本的，被建仁寺奉为“镇寺之宝”。现在建仁寺的“四头茶会”并不仅限于檀越，任何人只要提前预约、购买茶券，便都可以参加。

五、汤瓶煎茶（分饮）法

“汤瓶煎茶分饮法”是一种采用汤瓶煮茶、多人分饮的候茶方式。

南宋无名氏的《斗浆图》（见图 62），绢本、设色，纵 40.6 厘米，宽 33.8 厘米。此画在 1978 年由北京故宫博物院重新装裱，至今保存完好。

《斗浆图》展现的是宋朝庶民的生活。图中画的是六个走街串巷叫卖茶的小贩在街上偶遇，于是便一起兴致勃勃吃茶斗汤的场景。

画面上的六个男子头戴头巾，腰里别着橘红色或蓝色的茶巾，脚上穿的是布鞋或草鞋，其中一人还赤着脚，明显为庶民百姓。六个小贩三人一组，分立左右两边，每人都有一个可移动的燎炉。这是一种专门用来加热汤瓶的燎炉，下有方便通风排灰的圈足，燎炉上方有高高的挡风圈，长嘴汤瓶

图 62　南宋《斗浆图》（黑龙江省博物馆藏 ）

就放在挡风圈内，因为有高高的挡风圈，所以汤瓶不会倒下。燎炉有提手可以提着走，估计也可以用扁担挑着走，汤瓶与燎炉成为一体，这些走街串巷叫卖茶饮的小贩们使用起来很方便。

小贩们的道具不只有汤瓶、燎炉，还有装木炭用的竹编炭筐，炭筐里盛着条状的木炭和长长的火筷。画中左组前排人右手提着燎炉，左手拿着一叠茶碗。左后第三人左手把提着的汤瓶搁在燎炉的挡风圈上，右手正在用火筷拨弄炉火。

古时候称开水为“汤”，煮开水的瓶状汤瓶也称作“执壶”。《长物志》中描述汤瓶：“既不漏火，又便于点注。”可见汤瓶同时拥有两种功能：既可以煮水，又可以直接用于注水点茶。这种汤瓶可以看成是《萧翼赚兰亭图》

里的铫子的进化版。常见的唐宋时期的汤瓶有不少（见图63、图64），大致可以分成两类，或作为酒器，或作为茶具。为茶具者叫茶瓶、汤瓶、执壶，作酒器者称酒瓶或酒注子。唐代王明哲墓中出土的瓷壶上写有“老导家茶社瓶”字样，长沙铜官窑出土的瓷壶上则有“陈家美春酒”“酒温香浓”等字样。这些执壶式样繁多：有的壶颈细长，有的则比较短；有的壶入水口很小，有的则很大，像喇叭一样敞开着。金属的汤瓶和一部分陶瓷汤瓶可以直接放在炭火上加热，一部分比较薄的瓷壶则不适合直接放在火上烧，因为很容易爆裂。瓷质的汤瓶主要用来装酒，因为酒不需要加热至很高的温度，不需要放在炭火里烧煮。而点茶需要比较高的温度，作为茶器的汤瓶最好是能够直接加热的（见图64），《文会图》和《斗浆图》中的汤瓶都是直接放入燎炉的炭火中的。汤瓶无论是放在明火上加热，还是用较微弱的炭火保持温度，都会令手柄发烫而不能直接用手拿取，在《斗浆图》上可以看到，小贩们用麻绳之类的东西把汤瓶的手柄缠绕了起来，这便是为了避免烫手（图29）。

图63 青白釉方执壶（上海博物馆藏）

图64 北宋蓝田吕氏墓出土的铁执壶[1]

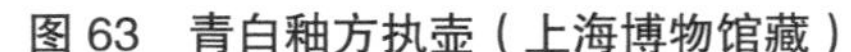

① 陕西省考古研究院藏，图出自陕西省考古研究院《异世同调：陕西省蓝田吕氏家族墓地出土文物》，中华书局，2013年版。

赵佶认为，候茶用的汤瓶，其出水口非常重要："瓶宜金银，小大之制，惟所裁给。注汤害利，独瓶之口嘴而已。……盖汤力紧则发速有节，不滴沥则茶面不破。"此处认为，汤瓶最好是用金、银制作，大小规格根据需要裁定，注水成败的关键在于汤瓶的出水口大小。出水口必须小，口小出水细，出水细便水势急骤，收发自如，没有滴漏，是为好瓶。按照赵佶的七汤点茶法，在第四汤时已经形成沫饽，后面再注第五、六、七汤时，要特别小心，不能破坏已经形成的沫饽粥面，所以特别忌讳收水不干脆利落、滴滴答答的汤瓶。

细观《斗浆图》，让人不禁产生很多的疑问：

第一，画面上左侧前排一人右手拎着燎炉，左手扣着一叠共七只茶碗；第二人正提着汤瓶往自己左手拿着的茶碗里注茶汤。这些茶碗的形状是矮而敞口的"平碗"，其直径与人的手掌宽度相当，碗的高度是口径的三分之一左右，尺寸较小，不适合放入茶筅击拂，只能用作分饮，茶碗的颜色很淡，因而不是建盏。

第二，在右组前排第一人的手旁可以看到一个竹制的长柄茶筅，其造型不同于刘松年《撵茶图》中的茶筅，却与现代的茶筅非常相似。看这只茶筅的尺寸，似乎也不可能放入这样小而扁平的茶碗里击拂，那么这只茶筅是用来做什么的呢？

第三，画面中，茶筅的中央伸出来一个钩子（见图52），看上去不像是金属制成的，似乎是用细竹枝制作的。茶筅为什么带有钩子，并且长长地突出来？这样的茶筅不可能在碗里使用，那么这个带钩的长柄茶筅是在哪里使用的呢？

第四，汤瓶的入口只要能够灌水、灌酒即可，不需要太大，那么为什么《斗浆图》中的执壶却是喇叭口的呢？

唐朝陆羽煎茶采用生铁茶釜，其方式是："初沸则水合量，调之以盐味，……第二沸出水一瓢，以竹筴环激汤心……"水煮至沸腾后，放入末茶，用竹筴搅拌。那么是否可以设想《斗浆图》里描述的候茶方式是用移动燎炉替代笨重且不易搬动的茶釜，用长柄茶筅代替竹筴，而汤瓶的喇叭形入口正好方便茶筅伞骨状的细丝伸入，不至于卡在入口处。

我们知道茶筅是竹制的，其前端是众多极细的竹丝，茶筅伸入汤瓶在汤瓶底部来回搅拌时，极易受损，而带有突出钩子的茶筅就没有此问题了。钩子可以保护茶筅，又可以在不用的时候将茶筅挂起来，方便通风干燥，以延长使用寿命。

如此看来，《斗浆图》所绘，是集煎茶法与点茶法为一体的候茶方式。长嘴汤瓶替代了茶釜，长柄带钩子的茶筅替代了竹筴。长柄茶筅直接在汤瓶中搅拌，帮助生成泡沫（其效果肯定不如在碗瓯里点刷），汤瓶的长嘴方便直接往碗里注汤，这样省去了多件茶器，特别适合这些走街串巷、边走边卖、边走边喝的小贩们使用。

关于《斗浆图》，还有一种观点认为，图中小贩们喝的未必是末茶，有可能是散茶、粗茶。宋朝虽然是末茶的黄金时代，千金团茶甚至改变了人们关于茶的价值观，但是这些团茶、贡茶与庶民的生活相距遥远。对于普通百姓来说，“黄金二两”的茶就是神话、传说而已，百姓能够享受的不过是极其低端的茶，是散茶、粗茶。不可否认的是，当时在建州北苑的带动之下，周边的茶园、私焙也得到蓬勃发展，巅峰时期北苑周边茶焙约有 1336 所，其中官焙只有 32 所，绝大多数为私焙。但是私焙所产的茶也都由官府征收，老百姓也不易喝到。《斗浆图》中的人都是普通百姓，甚至还打着赤脚，那么他们在长嘴汤瓶里煮的究竟是散茶还是末茶呢?

笔者认为，小贩们煮的是末茶。理由在于，第一，如果长嘴汤瓶里煮的是散茶，那么茶渣将无法处理，倒出茶汤时，茶渣必定会堵住细长的壶嘴；第二，煮散茶不需要使用茶筅，更何况图上有一只长柄的茶筅。综上所述，我们可以大胆推测，小贩们售卖的是末茶。

《斗浆图》右后第二人和左后第三人都手挽着一个提篮，篮子里有很多诸如末茶罐、小啜碗之类的茶器，很可能手提式燎炉与提篮是小贩们出门做生意的“标配道具”。

六、茶百戏

关于“茶百戏算不算候茶方式”有很多争议，这里略微赘述几句。北宋初年之人陶谷在《荈茗录》中描述“茶百戏”时写道：“茶至唐始盛。近世有下汤运匕，别施妙诀，使汤纹水脉成物象者，禽兽虫鱼花草之属，纤巧如画。但须臾即就散灭。此茶之变也，时人谓之茶百戏。”

“匕”是古代用来计量粉末量的茶勺，极小、极细。其“运匕”，意使用茶勺，加之特殊的运腕技巧，使得茶汤表面现出“禽兽虫鱼花草”之类的图案，很是奇妙。

从宋朝杨万里的诗中可以看到茶百戏之“运匕”，难度相当高，控制汤瓶的“注水”也很有技巧性。

澹庵坐上观显上人分茶

（宋·杨万里）

分茶何似煎茶好，煎茶不似分茶巧。
蒸水老禅弄泉手，隆兴元春新玉爪。
二者相遭兔瓯面，怪怪奇奇真善幻。
纷如擘絮行太空，影落寒江能万变。
银瓶首下仍尻高，注汤作字势嫖姚。
不须更师屋漏法，只问此瓶当响答。
紫微仙人乌角巾，唤我起看清风生。
京尘满袖思一洗，病眼生花得再明。
叹鼎难调要公理，策动茗碗非公事。
不如回施与寒儒，归续茶经傅衲子。

茶百戏又称水丹青、汤戏、茶戏，有时候也称分茶。玩这种游戏时，先将末茶入碗，提起汤瓶，向茶碗注入热汤，汤瓶低首翘臀是为了增加水势，再以茶勺击拂，少量的空气拌入后，茶汤在光线的折射下颜色便显出深淡，出现水纹。这种水纹只有在沫饽尚未形成之时才有可能出现，沫饽形成后便看不到茶汤的颜色了。使用茶勺来击拂末茶要现出浓厚的沫饽本就不易，需要持续击拂较长时间，在这个过程中很有可能出现各种图案。《澹庵坐上观显上人分茶》诗里的“注汤作字势嫖姚”并非是说写字，“作字”视同“作姿”，说的是注水时的姿势动作缥缈难测，很有难度而已。

茶百戏的乐趣在于其不可预料，图案又转瞬即逝，难度高而不易操作，因此含有挑战、竞技的成分，让人乐此不疲，所以明知“分茶何似煎茶好”，但还是被这样的游戏所吸引，被呈现出来的各种图案所鼓舞。这种因茶汤的浓淡差异显现出来的图案并不清晰,往往是隐隐约约的,欣赏如此这般“纤巧如画”的“禽兽虫鱼花草”，恐怕需要充分的想象力才可能得以实现。

南宋淳熙十三年（1186 年），大诗人陆游写下被后世反复吟咏的《临安春雨初霁》，其中讲到了分茶。

临安春雨初霁

（宋·陆游）

世味年来薄似纱，谁令骑马客京华。

小楼一夜听春雨，深巷明朝卖杏花。

矮纸斜行闲作草，晴窗细乳戏分茶。

素衣莫起风尘叹，犹及清明可到家。

有人说陆游在这首诗中描述的分茶就是茶百戏，也有人持不同意见。茶百戏所显现的图纹是茶汤尚未充分融合之时显出的水纹，当茶汤被充分搅拌，表面有“细乳”泛起的时候，就没有水纹了，也就看不到图案了。陆游晚年还有一首诗叫作《疏山东堂昼眠》,其中也讲到“分茶”。诗中吟道:“吾儿解原梦，为我转云团。”诗句下有陆游的自注：“是日约子分茶。”此处的“约”是陆游的第五个儿子陆子约。候茶方式是分茶，此处的“转云团”便是点茶击拂后显现出的云团般的泡沫。点茶时，当碗里的泡沫如云一般浮起时，是不可能看到水纹的，所以《临安春雨初霁》里所述的“分茶”应该是“分饮”，是“一锅茶分而饮之”，或“一瓯茶分而饮之”，并非是欣赏茶汤水纹的茶百戏。

近年来，也有人在复原茶百戏，方法是先用茶筅点刷出浓厚的浅色泡沫，然后用茶勺或毛笔蘸深色的茶浆在泡沫上画出各种图案。还有人为了防止泡沫“云脚散”而图纹消失，甚至在茶汤里加入明胶等增稠剂，待茶汤凝成固体后再作画，这些做法其实与历史上的茶百戏应该不是一回事。

末茶发展到宋代已然处于巅峰时期，然而盛极必衰，之后便只有走下坡路了，这也是世间万物变化发展的规律。宋朝茶道过多地追崇视觉美，追求繁复、奢侈，因而产生了很多问题。宋徽宗在《大观茶论》中写道："天下之士，励志清白，竞为闲暇修索之玩，莫不碎玉锵金，啜英咀华。……可谓盛世之清尚也。"这里赵佶用了一个"玩"字。末茶成为身份、财富、特权的象征，高居上层社会，偏离了它作为健康饮料的实用本质，同时也冲淡了茶道本身的精神内涵。当宋徽宗享受"金殿分茶"、百官赞美之时，当吃皇粮的国家栋梁、官宦阶级都加入这奢靡大军，挖空心思制造"银丝水芽""龙园胜雪"、邀功请赏之时，宋朝离山河破碎、万民涂炭已经不远了。

第四章

元代·末茶之创新

人们在论及中国古代茶文化时往往绕开元朝，认为其历史短暂，又是由少数民族建立和统治的王朝，对于中华传统文化的了解难免不甚清晰，在茶文化上少有建树。事实并非如此，对于末茶来说，元代是一个很有创新的时代。

元朝，是中国历史上第一个由少数民族建立并统治的封建王朝。成吉思汗在 1206 年建立大蒙古国，从 1279 年忽必烈灭南宋，至 1368 年被明朝取代，统一全国后的元朝共历 11 帝 89 年。中国游牧民族在尚未进入中原之时就已经开始饮茶了，自古以来，边境地区以茶易马、以茶易物是常事，因为游牧民族特殊的饮食习惯，茶成为他们不可或缺的日常所需。

元朝政权建立以后，中原版图上的众多产茶地都划归朝廷，对于上层社会来说，原本可望而不可得的高端团茶已经不再像宋时那么遥不可及，一般的散茶更是成为百姓家的日常必需品。宋人的开门八件事——柴米油盐酒酱醋茶，到了元代，去掉一个“酒”字，变成了开门七件事——柴米油盐酱醋茶[①]，豪迈嗜酒的蒙古人在茶与酒之间，竟然选择了茶。

第一节　元代制茶

元朝时团茶的加工方式实现了重大飞跃，出现了去繁取简、“散茶为末”的加工方式，这种方式一直延续至 21 世纪的今天，几百年来仍令茶人受益匪浅。元代还创新出蒸青条茶和花茶、调味茶的制作方式，使得粗茶品质大大提高，促进了大众茶的推广与普及。

---

① 详见元杂剧《马丹阳度脱刘行首》。

一、简化团茶

源于对宋朝文化与生俱来的仰慕，元朝的统治者几乎原封不动地接管了宋朝的贡茶苑。但由于生活环境、饮食习惯、文化习俗的不同，游牧民族对茶的需求不同于中原。宋代的龙团凤饼的制作过于精细，“尽去其膏”后的团茶内质很少，淡而无味，蒙古人不喜欢这种过于精密雅致的茶，他们更喜欢能去除牛羊膻味、清涤肠胃的粗茶。所以，他们按照自己的喜好改变了制茶的工艺。元代王祯《农书》中记载：“茶之用有三：曰茗茶，曰末茶，曰蜡茶。……蜡茶最贵，而制作亦不凡。择上等嫩芽，细碾入罗，杂脑子诸香膏油，调齐如法，印作饼子制样。任巧候干，仍以香膏油润饰之。其制有大小龙团，带銙之异，此品惟充贡献，民间罕见之。始于宋丁晋公，成于蔡端明。间有他造者，色香味俱不及蜡茶。”可见元朝的腊茶相当于宋朝的团茶，但简化了制作工艺，在制作过程中去除了榨、研、洗等工序。鲜叶采摘下来，经蒸青、研磨后就直接倒入模具制作成饼，所用的銙模还是宋时的规制，所以表面看来，依然是大小龙团，制作方式却已经还原到了唐朝时期的方式。元朝“存内质”的腊茶“比之宋朝蔡京所制龙凤团，费则约矣”[①]，整个过程都简化了不少，节省了大量的人工。

元人原本就喜欢在茶饮中添加各种辅料，制作腊茶时也会加入诸如香膏油类的东西，待茶饼干燥后，也会再次涂上香膏油以装饰表面。

元朝诗人卓元在《采茶歌》中写道：“制成雀舌龙凤团，题封进入幽燕道。黄旗闪闪方物来，荐新趣上天颜开。”元朝的腊茶含有较多的茶多酚和咖啡因，对于以动物蛋白为主食的北方游牧民族来说比较对口，非常实用，以致“天颜开”，大受欢迎。“此品惟充贡献，民间罕见之”，元朝人认为前朝的榨研团茶，“色香味俱不及蜡茶”。

---

① 详见叶子奇《草木子》卷三《杂制篇》。

二、散茶为末

《农书》记载："然末子茶尤妙。先焙芽令燥，入磨细碾，以供点试。"这里的"焙芽令燥"虽然没有明确说明干燥的方式，但是摒弃饼茶、团茶，直接将"茶芽"进行烘焙干燥是肯定的。这里的茶芽可能是鲜叶，直接将鲜叶放在茶釜（锅）里炒干，然后碾磨；也可能是将已经制好的干燥散茶再度干燥，然后再碾磨。

将鲜叶翻炒成干茶，然后粉碎成末茶的方法，在唐人的诗（如刘禹锡的《西山兰若试茶歌》）中也曾有过记载。或许在文人雅士的眼里此法并非主流，所以很少见诸文字。

西山兰若试茶歌（节选）

（唐·刘禹锡）

山僧后檐茶数丛，春来映竹抽新茸。
宛然为客振衣起，自傍芳丛摘鹰嘴。
斯须炒成满室香，便酌砌下金沙水。
骤雨松声入鼎来，白云满碗花徘徊。
…………
新芽连拳半未舒，自摘至煎俄顷馀。
…………
欲知花乳清泠味，须是眠云跂石人。

注：春天到了，屋后檐下的数丛茶树发了新芽，有客人来访，僧人撩起衣襟，亲自去茶园里摘来了鹰嘴嫩叶，并将嫩叶放入锅里翻炒，顷刻便满室飘香。舀来金沙水倒入茶釜，将水煮至"骤雨松声入鼎来"时便可煎茶了，只见"白云满碗花徘徊"，茶碗里泛起白色的泡沫。诗中虽然没有描述碾磨茶叶的场景，但是前句"白云满碗花徘徊"与后句中"花乳"都直接表示吃的是末茶。普通

的茶叶，无论是散茶还是条茶，都不可能“白云满碗花徘徊”，即便是有片刻的泡沫浮起，也会立刻消失。诗人在诗的末尾夸赞自己说，真正知道茶之美味的，只有“我”这个“眠云跂石人”呀！诗中描述的炒青茶，整个加工工序为：采摘鲜叶，将鲜叶炒至干燥酥脆，然后碾磨、煎煮。这种方式，估计只有在能够采摘到鹰嘴嫩叶的春季才可行吧。

元朝时期的契丹人耶律楚材[①]在《西域从王君玉乞茶因其韵七首》中写道：“玉屑三瓯烹嫩蕊，青旗一叶碾新芽。”从形状来看，“嫩蕊”和“青旗”都不是腊茶，而是散茶。这里碾磨的是没有经过捣烂、研磨，还保持着茶叶外形的散茶，说明采用的是直接用散茶碾磨成粉末的方法。

元朝上层社会似乎不屑于在制茶上花费太多的时间。他们认为，既然饼茶、团茶可以碾磨成粉，那么粗茶、散茶自然也是可以碾磨成粉的。撇开不同的茶在品质上的优劣，以及不同的制作工艺造成的口感上的不同，凡是碾磨成粉的茶都可以视为末茶。

从唐至宋的六百多年间，始终都没有以蒸青散茶替代饼茶，主要原因在于缺少保持茶叶干燥的设施设备和方法。由于难以很好地保持干燥，饼茶、团茶在碾磨之前必须再次烘烤，饼茶只有烘烤得十分干燥，冷却后才会酥脆，才可能被碾磨成极细腻的末茶。饼茶、团茶、腊茶都制作成薄饼状，为的是方便烘烤的时候用竹筴子夹起靠近炭火，翻来覆去地进行烘烤。无论是唐朝的“蛤蟆背”还是宋朝的“茶焙炉”，薄饼状的茶叶小饼，无疑都是方便操作的形态。

元朝“散茶为末”的加工方式，不但可以保留茶的营养成分，还可以省去很多制作团茶、腊茶的烦琐工序，是省时省工的一大进步。“散茶为末”与当时先进的茶叶保存方式是分不开的。明朝许次纾的《茶疏》里介绍了一种贮藏散茶的方法：“收藏宜用瓷瓮，大容一二十斤，四围厚箬，中则贮茶，须极燥极新。专供此事，久乃愈佳，不必岁易。茶须筑实，仍用厚箬填紧瓮口，

① 耶律楚材（1190—1244），字晋卿，契丹族人，号玉泉老人、湛然居士，政治家。

再加以箬。以真皮纸包之，以苎麻紧扎，压以大新砖，勿令微风得入，可以接新。”这里采用的是可以容纳一二十斤茶叶的大瓮，旧瓮更佳，把极干燥的新茶放在大瓮的中央，四周用干燥的箬叶塞满压实，用皮纸封住瓮口，再用麻绳扎紧，压上新砖，使之不漏气，这样可以一直保存至第二年新茶上市时。这种保持茶叶干燥的贮存方式，最晚出现在元代中期，可以在谢应芳[①]的《阳羡茶》中得到证实：“待看茶焙春烟起，箬笼封春贡天子。”这里描述的与许次纾《茶疏》中描述的茶叶保存方式是一致的，收藏用大瓮，封口用箬叶。

日本茶道中有一种“开罐仪式”，即当着众人的面启封一个装茶的陶瓷坛子，从中可以看到日本是如何储藏茶叶的。数种碾茶分别装在毛边纸制成的小纸袋里，坛子的底部先铺设一层厚厚的焙茶，然后将小纸袋放进去，再用焙茶塞满小纸袋的四周与上方，塞满压实，也可以用干燥的箬叶来填充。这种方式与中国元朝的茶叶保存方式惊人的相似。日本开始量产末茶的年代，相当于中国明朝的中晚期，此时的中国人早已积累了“散茶为末”的经验。当时，中日之间贸易船只往来频繁，大量的中国茶具被运往日本。中国封罐后的茶叶被运往日本的同时，茶叶的保存方式也随之传到了日本。

如果说还原团茶“存内质”是末茶史上的一大进步，那么“散茶为末”可谓是一大创举。对于末茶的生产来说，“存内质”和“散茶为末”无疑是最经济、最科学的制茶方法。21 世纪的今天，无论是中国还是日本，都依然沿用着这种源自中国元朝的加工方式来生产末茶。

三、揉捻条茶

唐宋时期制饼茶不可缺少的工序是蒸，古代是用蒸笼来蒸的，新鲜的茶叶若不能及时蒸，就会发酵，时间久了就会腐败。这道工序放在今天，叫“杀

① 谢应芳（1295—1392），字子兰，号龟巢，元末明初学者，常州人。

青”，使用蒸汽机来杀青也叫“蒸青”。蒸青是采用高温蒸汽破坏和钝化茶鲜叶中的氧化酶活性，与此同时，不但可以蒸发掉鲜叶中的水分，使茶叶变软，方便加工成形，也能减少茶叶的青臭味。现代研究表明，在蒸青过程中，茶叶中的顺 –3– 己烯醇、顺 –3– 己烯乙酸酯和芳樟醇等氧化物大量增加，并产生大量的 α – 紫罗酮、β – 紫罗酮等紫罗酮类化合物，这些香气组分的同质为类胡萝卜素，构成了蒸青茶特殊的香气和口感。

陆廷灿在《续茶经》[①]中道：“《文献通考》：宋人造茶有二类，曰片、曰散。片者即龙团旧法，散者则不蒸而干之，如今时之茶也。始知南渡之后，茶渐以不蒸为贵也。”“南渡”，指的是北宋灭亡后赵构迁都临安建立南宋的时期。马端临认为南迁改变了制茶方式，事实上中国自古以来就有散茶、粗茶的制作，制作时直接把鲜叶晒干，如同晒中草药一般。在长期制茶和饮茶的过程中，人们发现采来的鲜叶直接晒干虽然简单易行，但是茶的“青草臭”和苦涩味都无法除去，嗅之如草、食之若药。同时，茶叶直接日晒，对天气、对阳光的强度也有要求，茶鲜叶必须在发酵之前被晒干，否则就会发酵、腐烂、变质。

对于以牛羊肉为主要食物的元朝游牧民族来说，能够去腥膻味的晒青茶自然很受欢迎，但并不意味着他们能够接受晒青茶的“青草臭”，因而不得不“先以汤泡去薰气”，再“以汤煎饮之”。在吃茶之前先用开水浸泡茶叶，丢弃带有“薰气”的茶汤，然后再重新加水进行煎煮。

元朝中期，人们发明了“蒸青条茶揉制”这一新工艺。《农书》中记载：“采讫，以甑微蒸，生熟得所。蒸已，用筐箔薄摊，乘湿略揉之。入焙匀布，火烘令干，勿使焦。”采来的茶鲜叶先用蒸锅杀青，蒸的生熟程度要恰到好处，然后把蒸过后的茶叶薄薄地摊开在竹匾上，趁着尚带湿气，反复揉制后用文火烘干，切莫烘焦。这种先蒸汽杀青，再进行揉制的方法，很好地解决了茶叶“青草臭”的问题。

茶叶为什么要揉？

揉茶的目的是破坏茶叶的内部结构，方便茶叶在设定的水温中有序地

---

① 陆羽、陆廷灿《茶经 · 续茶经》，瞿文明编译，中国华侨出版社，2018 年版。

释放出茶内质，提升成品茶的滋味。茶叶蒸青后揉捻、干燥，可保持良好的色泽和香气。目前，国内生产的茶叶外形多种多样，揉捻成条状或者细针状的比较多，也有制作成半月形、球形的，更有艺术感。

喝茶的目的大体上有两点，一是获得营养，二是解渴。人们通常不希望自己才喝了“一泡”茶，还想再喝时，茶汤却已经没有了滋味；同样也不想冲泡好多遍后还有茶汁成分渗出来，令人弃之不舍。制茶最理想的揉捻程度是，成品茶能够在三泡左右把茶叶的内质、营养成分都最大限度地释放出来，形成人们常说的“一泡”“二泡”“三泡”，不会造成浪费。

调味茶也是元朝的一大创举，加入盐、香叶、胡桃或芝麻等，可“连饮带嚼”。本书的核心是对中国末茶的发展特别是候茶方式做梳理，所以末茶治茶以外的内容就不赘述了。

第二节　元代候茶

元朝时期，散茶为末开始被接受，出现了末子茶、腊茶与蒸青散茶、蒸青条茶共存的局面。散茶虽然用量增多，但依然算不上是主流。作为茶的消费主体和引领茶文化潮流的文人士大夫依然承袭宋朝的审美习惯和饮茶方式，依然视白如云雪的沫饽为典雅，以消费团茶、腊茶为时尚。

元朝的统治者统治了中原，便顺理成章要享受中原皇亲国戚们的待遇，他们对皇室的所有奢华生活都来者不拒、照单全收，吃茶习俗的承袭自然也包括在内。在饮用末茶的方式上，基本上还是沿袭宋朝，茶叶在充分粉碎碾磨后，用汤瓶、茶筅、建盏、盏托来击拂、品饮。

《农书》记载:“然末子茶尤妙。先培芽令燥,入磨细碾,以供点试。凡点,汤多茶少则云脚散，汤少茶多则粥面聚。钞茶一钱匕，先注汤，调极匀，又添注入，回环击拂，视其色鲜白，著盏无水痕为度。其茶既甘而滑。”王祯对点茶法的叙述，与蔡襄的《茶录》以及赵佶的《大观茶论》有很多重叠之处，可见元人对唐宋末茶道的承袭与追崇。

元人陈泌的诗中有："梁溪快雪照归船，载得《茶经》第二泉。为碾小龙倾一碗，更于何处觅飞仙。"这类描述候茶的诗词有很多，如：

寄题无锡钱仲毅煮茗轩

（元·谢应芳）

聚蚊[1]金谷任荤膻，煮茗留人也自贤。
三百小团阳羡月，寻常新汲惠山泉。
星飞白石童敲火，烟出青林鹤上天。
午梦觉来汤欲沸，松风吹响竹炉边。

契丹人耶律楚材是一个很汉化的元代朝廷官员，给后代留下了不少茶诗，从这些茶诗中可以看到元朝的官宦对前朝末茶的向往。

西域从王君玉乞茶因其韵七首（节选）

（元·耶律楚材）

积年不啜建溪茶，心窍黄尘塞五车。
碧玉瓯中思雪浪，黄金碾畔忆雷芽。
卢仝七碗诗难得，谂老三瓯梦亦赊。
敢乞君候分数饼，暂教清兴绕烟霞。
…………
啜罢江南一碗茶，枯肠历历走雷车。
黄金小碾飞琼屑，碧玉深瓯点雪芽。
笔阵陈兵诗思勇，睡魔卷甲梦魂赊。
精神爽逸无余事，卧看残阳补断霞。

---

① "聚蚊"指"聚蚊成雷"，意思是许多蚊子聚到一起，声音会像雷声一般大。

图 65　元墓壁画《童子侍茶图》

耶律楚材在诗中说自己长久不吃末茶，心窍都被“黄尘”堵塞了，描述了对昔日烹点新茶场景的美好回忆，流露出对建溪末茶的眷慕之情。诗中出现的“碧玉瓯”“黄金碾”“玉杵”“红炉”“石鼎”等，均是烹点末茶的用具。

元墓壁画也是研究元代民间饮茶习俗的重要文物依据。《童子侍茶图》（见图 65）中一个头梳双髻的红衣童子正在用石碾碾磨末茶，茶碾前的盘子里放着一个茶盒。一个带有莲花形底座的风炉上，正在加热执壶，一白衣小童正向炉膛内吹气。白衣童子身后的候茶桌上陈列着一应茶具，有成叠扣放的茶盏、汤瓶、茶勺，后面还有摞得高高的食盒。两个女子手捧带盏托的茶碗，似乎正准备送茶。在《童子侍茶图》中，还可以看到不少《西域从王君玉乞茶因其韵七首》中出现的茶具。

元代依然流行宋朝的点茶法，元墓壁画中多次出现茶勺点茶的场景。元朝诗人谢宗可有《茶筅》一诗，描述了使用茶筅点茶的场景："此君一节莹无瑕，夜听松风漱玉华。万缕引风归蟹眼，半瓶飞雪起龙芽。香凝翠发云生脚，湿满苍髯浪卷花。到手纤毫皆尽力，多因不负玉川家。"这些绘画与诗都佐证了在元朝既有茶勺点茶法，也有茶筅点茶法。

元朝的许有壬[①]在《咏酒兰膏次恕斋韵》中提到了鹧鸪斑建盏，"混沌黄中云乳乱，鹧鸪斑底蜡香浮"，描绘了鹧鸪斑建盏中末茶如云似乳的泡沫。元之前的一段时期，人们虽然喜欢使用建盏、把玩兔毫，但是几乎没有关于使用鹧鸪斑建盏的记录。据说鹧鸪斑建盏在黑褐色的背景上呈现出很多如同眼睛的斑纹，随着光照的变化会变色，让人感觉深不可测、怪诞而心生不适，甚至视其为不详，所以避而不用。从《咏酒兰膏次恕斋韵》可见元朝的人们对茶碗的喜好发生了变化。

元朝的文人墨客对末茶以外的茶的欣赏与描述也很多，数量上远远超过了唐宋。

长思仙·茶

（元·马钰）

一枪茶。二旗茶。休献机心名利家。无眠为作差。
无为茶。自然茶。天赐休心与道家。无眠功行加。

中国寺院自唐朝开始就遵循着"清规"开展各种活动，至元朝时，依然经常举办各种茶会，僧俗均可参加，耶律楚材、赵孟頫等著名文人都曾为寺院撰写过茶会"榜文"。

---

① 许有壬（1286—1364），字可用，元代文学家。

第五章

明清·末茶之凋零

明太祖朱元璋（1328 —1398），字国瑞，幼名重八，又名兴宗，出生于濠州钟离（今安徽省凤阳县东北）。朱元璋出身贫苦，放过牛，行过乞，当过和尚，历经民间疾苦。当朱元璋终结了元朝对中原长达 89 年的统治，恢复了汉族的生活状态，当上了明朝的开国皇帝后，其节俭程度为历代皇帝之最，每日早餐“只用蔬菜，外加一道豆腐”，修建应天（现南京）皇宫时只求坚固耐用，不求奇巧华丽，是一个以新政出名的皇帝。洪武二十四年（1391 年）九月，朱元璋下诏停止制作团茶：“上以重劳民力，罢造龙团，惟采茶芽以进。”与此同时，他还撤销了北苑贡茶苑，废弃了皇家茶园。朱元璋的“罢造龙团”，直接导致了辉煌千年的中国末茶走向凋零。

第一节　罢造龙团

明代时，茶叶的产量有增无减，进贡皇室的团茶数量也年年递增。但由于贪污受贿成风，各级地方官吏在派发贡额时层层加码，捞取外快，茶区百姓受尽贡茶之苦，怨声载道。以至于洪武二十四年（1391 年）九月，朱元璋下诏停止制作团茶。与此同时，民间散茶、条茶的制作不断发展，散茶、条茶制作省时省工，质量也不错，因此很受欢迎。

末茶道酝酿于汉唐，至唐宋时期达到顶峰，为什么到了明朝会被朝廷废弃呢？虽然从“上以重劳民力”来看，废弃团茶的本意是体恤民情，但朱元璋作为一个出身底层的平民皇帝，不懂风雅也是事实。

随着明朝茶事新政的推行，之前只重工艺不重品种的茶叶采制方式出现革新，炒青绿茶开始受到欢迎，还催生出发酵茶（红茶）、半发酵茶（乌龙茶），花茶的品种也有增加。同时，明朝保存茶叶的方法精益求精，有了更大的提高。屠隆[①]《茶说·十之藏》（1590年前后撰）中有“今藏茶当于未入梅时，将瓶预先烘暖，贮茶于中，加箬于上，仍用厚纸封固于外。次将大瓮一只，下铺谷灰一层，将瓶倒列于上，再用谷灰埋之。层灰层瓶，瓮口封固，贮于楼阁，湿气不能入内。虽经黄梅，取出泛之，其色香味犹如新茗而色不变。藏茶之法，无愈于此”。意思是说，茶叶的采摘制作必须在梅雨季节之前完成，装茶叶的小瓦罐须先期烘热，装入茶叶后，上层用箬叶塞紧，再用厚纸封固瓶口。然后再用一只巨瓮，下面铺上稻草灰，把装了茶的小罐子倒置于内，并在罐子的四周填满稻草灰，一层小罐一层灰地装满大瓮，最后封住瓮口，把巨瓮置于通风的楼阁里，这样，即使经过了梅雨季节，茶叶的色香味也依然如新。

中国自古以来就有粗茶、散茶，宋朝时期也是团茶与散茶并存的，至元朝时散茶更加流行，甚至还创新出了蒸青条茶和调味茶。而且中国自古以来就有泡茶喝的方式，只是散茶、粗茶难登大雅之堂，文人雅客或许觉得泡茶之法太过于简单，缺乏难度和高度，不屑一顾，所以很少有相关诗词歌赋流传。

经过北方游牧民族对中原茶叶大刀阔斧的改革，茶叶品种更加多样化了，制茶方式也更加简便，能够适应不同阶层人们的生活需求，于是有了明朝茶文化百花齐放的景象。

明朝初期，内乱不断，社会动荡，朝廷面临着很多困难，贵族文人们已然没有力量去消耗和奢侈，更没有闲情去公开斗茶啜英，因此，“唐煮宋点”的候茶方式逐渐被喝汤弃渣的泡茶法取代也是历史的必然趋势。

朱元璋“罢造龙团”抑制了上层社会的奢靡之风，推进了散茶的普及，同时为了巩固皇权统治，他下大力度整顿茶马贸易、严打茶叶走私，不惜斩杀驸马，杀一儆百，是为顺应时势，豪爽、果断。但是废弃北苑、“罢造龙团”，扼杀了末茶文化，是为“一刀切”，实为可叹、可惜。

---

① 屠隆（1543—1605），字长卿，浙江鄞县（今宁波）人，明代文学家、戏曲作家。

第二节 禁而不止

皇帝的禁茶令几乎宣判了团茶的死刑，但是传承四个朝代、辉煌了近千年的末茶道对于文人雅士阶层来说，是优雅生活的象征，是地位身价的体现，也是遁世隐逸、傲物玩世者的精神寄托，玩茶之乐趣“岂白丁可共语哉”[①]！

末茶是不可能在一朝一夕间就被禁止、丢弃和消亡的，在朝廷的禁茶令之下，明朝的文人墨客、士大夫们依旧乐此不疲，不但继续“碎金锵玉”“啜英咀华”，更是整合了前朝各类“玩茶”技艺，交替操作，来满足自己的“茶痴之趣”。

北苑被废弃后，民间的私焙依然禁而不止，特别是元朝时出现了新的茶叶储存方法，饼茶在碾磨之前不需要再度烘烤，可以直接入茶碾碾磨成粉，因此，宋朝的团茶制作与元朝的“存内质”腊茶的制造以及“散茶为末”的简易制作多式并进，末茶原料的来源也变得多种多样，有了更多的选择空间。文人们即使不用团茶，也照样能够啜英咀华、津津乐道，他们的饮茶方式也是多式并举，其代表人物就是朱权。

罢造龙团的朱元璋逝世四十多年后，他的第十七个儿子朱权推出了自己的专著《茶谱》。

朱权（1378—1448），自号涵虚子、丹丘先生，是朱元璋的第十七个儿子，自幼聪颖过人，十三岁时被封为宁王，被送到遥远的大宁（今内蒙古赤峰市宁城县）。这一年，正是洪武二十四年（1391年），皇帝刚颁布了罢茶令。远离勾心斗角、杀机四伏的皇宫，远离咬牙切齿禁茶的父王朱元璋，为后来朱权热衷于末茶、潜心研究茶道提供了良好的条件。正因为远离朝廷，朱权才得以成为“云海餐霞服日之士”，并“共乐斯事”。晚年朱权信奉道

---

① 详见朱权《茶谱》。

教，著书颇丰，有《家训》《宁国仪范》《汉唐秘史》《史断》《文谱》《诗谱》等数十部，五十一岁时著成《茶谱》。朱权在《茶谱》中盛赞“始于晋，兴于宋”的末茶，说茶之大功为“可以助诗兴”“可以伏睡魔”“可以倍清谈”。

朱权在《茶谱》中详述了明朝的治茶，从末茶的生产加工到各类茶具，从茶道以茶待客的本意到具体的候茶方式，其中都有深度的研究、详细的记载。虽然久居大宁，对蒙古人往茶里加入各种调味料的方式非常熟悉和在行，但是朱权依然不认同往末茶里添加香料，他认为末茶“杂以诸香，饰以金彩，不无夺其真味。然天地生物，各遂其性，莫若茶叶，烹而啜之，以遂其自然之性也”。

朱权喜爱的候茶方式是分饮法，使用“巨瓯”点茶，根据客人的多寡“投数匕入于巨瓯”。因为在巨瓯里点茶、是供多人分饮的，所以加入末茶的量不是一勺，而是“数匕”，水也可以多放一些，先“注汤少许”调膏，“旋添入，环回击拂”，因为茶瓯比较大，吃茶人又多，所以“汤上盏可七分”，点好茶后，把茶分舀至数个“啜瓯”[①]中。

朱权在《茶谱》中介绍了自己常用的末茶烹煮器具：炉、灶、磨、碾、罗、架、匙、筅、瓶、瓯（巨瓯）、啜瓯，可以看到，前代的各种候茶用具几乎都在了，碾茶、过筛、候汤的方法也与前朝一般无二。所不同的是，朱权使用的茶器中没有烤炙团饼应有的用具，这表明元朝后“散茶为末”的候茶方式已经相当普遍。

朱权在《茶谱》中，把茶道定为待客之道，是“与客清谈款话”，并且花了不少笔墨详述待客候茶的过程：“童子捧献于前，主起，举瓯奉客”“客起，接，举瓯”“乃复坐”“童子接瓯，退”，并且“话久情长，礼陈再三”。

朱权把自己比肩陆羽、宋徽宗，无不自豪地称：“予故取烹茶之法，末茶之具，崇新改易，自成一家。”他认为自己的候茶之法是前无古人、自成一家的。朱权所述“崇新改易，自成一家”的候茶方式，以及“取烹茶之法，末茶之具”就是“散茶为末”、点茶分茶之法。既然是使用散茶，自然不需要烤炙用具了。

---

① 啜瓯：专用来喝茶的小碗。

细读《茶谱》，可以发现，朱权不但爱用茶勺点茶，也爱用茶筅点茶，不但发明了用椰壳制作的茶勺，还发明了一种用来收藏茶碗的“茶架”，可以把多个茶碗陈放于上。朱权还写到了代用茶和调味茶：“今人以果品为换茶，莫若梅、桂、茉莉三花最佳。”为取花之香气，可将花的蓓蕾数枚“投于瓯内罨[①]之。少顷,其花自开。瓯未至唇,香气盈鼻矣”。具体操作为:“百花有香者皆可。当花盛开时，以纸糊竹笼两隔，上层置茶，下层置花，宜密封固，经宿开换旧花。如此数日，其茶自有香味可爱。”这可以算是最早的花茶了吧？朱权称这种方法为“熏香茶法”。

朱权“玩”茶的时期，中国各种候茶法都已经相当成熟，既有陆羽的煮茶分饮法，也有蔡襄《茶录》中的茶勺点茶法，有宋徽宗《大观茶论》中的茶筅点茶法，还有《文会图》中的人手一碗、自斟自点等多种方式，深谙此中三昧的朱权，早已熟练掌握、更迭自如，有很多奇妙、独到之处。读朱权《茶谱》常能令人拍案叫绝：“此乃真玩家也!”

第三节　清朝候茶

清代，炒青茶已经非常普及，末茶更趋萧条，茶磨碾茶、茶筅击拂、啜英咀华的场景已经难得见到了，以致很多人认为清代已经没有团茶、没有茶磨了，这是不对的。事实上，清朝还是有末茶的，只是隐匿于民间而已，从流传至今的清代诗文中可以找到证据。

《红楼梦》中有两处提到“茶筅”，第一次在第二十二回，写元春差人送出一个灯谜，命众姐妹去猜，给出的赏赐之物中有一柄茶筅。第二次是在第三十八回，写贾母去藕香榭吃茶，“进入榭中，只见栏杆外另放着两张竹案，一个上面设着杯箸酒具，一个上头设着茶筅茶盂各色茶具”，贾母见

---

① 罨（yǎn）：覆盖；敷。

了很是欢喜，连声夸赞。由此看来，这个“茶筅”乃是贾府的常用之物。

在清代思想家、文学家龚自珍[①]的《己亥杂诗》(其二十六）中，有诗人与朋友设茶席作别的情景：

己亥杂诗（其二十六）

（清·龚自珍）

逝矣斑骓罥落花，
前村茅店即吾家。
小桥报有人痴立，
泪泼春帘一饼茶。

诗人要离开京师了，正自彷徨、感慨之时，有人来报告说好友吴虹生在前面小桥头备下了茶席，正在等候诗人。龚自珍来到小桥头，看到吴虹生为自己准备了茶席，而且是非常珍稀的末茶。两人在桥头茶叙、告别，惜别的眼泪洒落到茶碗里。好深沉的友情，好珍贵的饼茶！

朱彝尊（1629—1709），字锡鬯，清代诗人，浙江秀水（今浙江嘉兴）人，是明朝大学士朱国祚的曾孙。据说他天赋异禀，读书过目不忘，学识渊博，通经史，能诗词古文。后为官，五十四岁时入值南书房，曾参与纂修《明史》。有一年朱彝尊举家搬迁，随身之物有一箱书卷、一盘茶磨，孤舟寒水很是凄凉。令他欣慰的是途中“添了个人如画”，他暗恋的妻妹上船了，在这种时候，能够“寒威不到小蓬窗，渐坐近越罗裙衩”了。于是，他写下了“一箱书卷，一盘茶磨，移住早梅花下”的名句，脍炙人口。可见，即使到了清朝，对读书人来说，茶磨依然是与书卷同等重要的物事。

清代晚期，生于上海嘉定的陆廷灿，字秋昭，自号幔亭，曾任武夷山知县，为武夷岩茶作过很多贡献。他告老还乡后在老家上海南翔花了十七年的时间完成了著名的《续茶经》。《续茶经》的目录完全承袭陆羽《茶经》，同

① 龚自珍（1792—1841），字璱人，号定盦，汉族，浙江仁和（今杭州）人，清末思想家、诗人、文学家和改良主义的先驱者。

样分为“茶之源”“茶之具”“茶之造”等十个目类，对陆羽《茶经》之后的茶事资料收罗详尽、征引繁富，很好地完成了末茶与后来条茶的衔接，陆廷灿也因此被后人称为“茶仙”。

咏武夷茶

（清·陆廷灿）

桑苎家传旧有经，弹琴喜傍武夷君。
轻涛松下烹溪月，含露梅边煮岭云。
醒睡功资宵判牒，清神雅助昼论文。
春雷催茁仙岩笋，雀舌龙团取次分。

张揆方[①]是陆廷灿的好友，也是上海嘉定人。他不但是一个爱茶之人，且是一个多产的诗人，《宝山县志》《江湾里志》《嘉定县志》里都收录了他的诗。张揆方的《鹤槎山登高》记载了一次重阳节茶会：文人们相约来到南翔北部的鹤槎山登高，在老银杏树下架起茶磨，一边喝茶，一边品尝花糕、紫蟹。

鹤槎山登高

（清·张揆方）

节值登高恰恰晴，鹤槎山麓缀霜英[②]。
花粘溪女银钗脚，叶乱村翁蜡屐声。
压担花糕入廛[③]市，盈筐紫蟹上江城。
老夫也逐游人队，一种痴情莫与京。

茶磨轰轰，细末飘扬，飞扬起的末茶粘在溪女的鬓角上，村翁的木屐

① 张揆方，字道营，号同夫，上海嘉定人。康熙丁酉举人，著有《米堆山人诗钞》。
② 古人称末茶的泡沫为英华，形容其白如霜雪。《茶经》曰：“沫饽，汤之华也。华之薄者曰沫，厚者曰饽，轻细者曰花。”
③ 廛（chán）：古代指一户平民所住的房屋和宅院，泛指城邑民居。

踩过银杏树的落叶发出声响……末茶之精华，沫、饽、花似乎唤起了清朝的书生们对宋朝末茶的回想。

清代乾隆时浠水知县邵应龙有《己亥腊月舟泛兰溪有客馈茶清甘美询之乃陆羽第三泉[①]也拈笔漫赋》一诗，从诗文中也可看到清朝的文人墨客对龙团凤饼的追捧赞誉：

己亥腊月舟泛兰溪有客馈茶清甘美询之乃
陆羽第三泉也拈笔漫赋（节选）

（清・邵应龙）

忽有人兮饷龙团，
潋滟杯中浮嫩白。
枯肠顿得三碗浇，
真觉清风生两腋。

① 第三泉：见《煎茶水记》（张又新著于825年前后）。

第六章
末茶之东渡

《汉书·地理志》载："乐浪海中有倭人，分为百余国，以岁时来献见云。"朝鲜半岛有"乐浪"，是汉武帝时所置之郡，海中之国是指日本。这是现存文献中最早以"倭人"指称日本人的记录。《论语》认为倭乃九夷之一，专指日本列岛，原本并无贬义。"日本"一称至迟于公元 7 世纪末在中国出现，据《旧唐书》记载，日本人不喜"倭"这一名称，遂改作"日本"，意为地之最东，是太阳升起的地方。古籍中可见很多关于中日交往的记录：

57 年，倭国王朝贡东汉，光武帝授予国王印。

107 年，倭国王升入贡后汉，献奴隶 160 人。

239 年，邪马台国女王卑弥呼遣使带方郡入魏，魏明帝赐金印紫绶与"亲魏倭王"的称号。

599 年，日本遣隋使到中国留学。

775 年，日本永忠和尚乘坐第十五批次遣唐使船来到中国。入唐后，住长安西明寺学习汉语，在中国居住了近三十年。永忠和尚六十二岁时（805 年）回归故里，将从中国带回的茶树种子种在崇福寺的周边。

805 年，《日吉神道密记》记载，遣唐使最澄大师与空海和尚同船回国，最澄从中国带回了茶籽，种在京都日吉神社的附近，该茶园成为日本最古老的茶园。至今在京都比睿山还立有"日吉茶园之碑"。

814 年，日本弘法大师空海向天皇敬献《梵字悉昙字母并释义》等书，其中《空海奉献表》中有"茶汤坐来"之句，成为日本茶道之名句。

当时的日本人是如何饮茶的？从同时代的日本汉诗《经国集 · 和出云巨太守茶歌》[①] 可以看到，当时日本皇室贵族们吃茶的方式是中国唐代流行的"煎茶法"。幕府后期，日本皇亲国戚吃的大部分是跨越千山万水而来的中国饼茶，用于煮茶的茶器一如《萧翼赚兰亭图》中的铫子，候茶方式也与《茶经》所载相同。

---

① 详见《经国集》第十四卷《和出云巨太守茶歌》。

《经国集·和出云巨太守茶歌》这样写道：

山中茗，早春枝，萌芽采撷为茶时。
山傍老，爱为宝，独对金炉炙令燥。
空林下，清流水，纱中漉仍银枪子。
兽炭须臾炎气盛，盆浮沸，浪花起，
巩县埦，商家盘。吴盐和味味更美。
物性由来是幽洁，深岩石髓不胜此，
煎罢余香处处薰，饮之无事卧白云，
应知仙气日氤氲[①]。

“早春山中采茶，吃茶时将茶置于炉上炙烤使之干燥，山林下的清清流水用套有纱网的漉水囊滤过，点燃木炭……茶瓯里沫饽涌出，浪花浮起，若放点吴盐，味道就更美了。”这里候茶的方式以及使用的茶器，与陆羽《茶经》中的描述完全一致，是“煎茶法”的应用，并且同样加入了盐。

诗中的巩县埦（碗）、商家盘、吴盐都是大唐舶来品。巩县埦是来自河南巩县（今河南巩义）窑的茶碗。巩县窑，唐代重要的瓷窑，是已发现的烧造唐三彩最主要的窑址。巩县窑最初生产青瓷平底碗及高足盘等，器外壁施釉不到底，后来大量生产白瓷、黑瓷、绞胎、唐三彩以及黄、绿、蓝等单色釉陶器，除有一部分白瓷作为贡品外，批量生产的茶器大都供民间使用。日本虽也是产盐国，但嵯峨时代正是日本皇室、上层贵族拼命效仿中国文化的时代，贵族们艳羡大唐达到了非此莫属的程度，模仿大唐的方式来吃茶，自然连佐料、茶器也必须使用真正的大唐舶来品才能显得地道、正宗。

一般认为，茶道与其他很多传统文化都是被来中国求学的日本学问僧带回日本，并逐步在日本繁衍、传承的。波涛汹涌的大海让很多日本学问僧有去无回，所以游学中国的僧人一旦回归故土，都被看作是了不得的“衣锦还乡”，不但能受到朝廷的重视与尊敬，还能获得很多资助，得以开山立派、

① 氤氲（yīn yūn），也作“烟煴”“絪缊”，指烟云弥漫的样子，也有“充满”的意思，形容烟或云气浓郁。

建造寺院，成为住持，其中成为一代宗师的也不在少数，甚至还有人得到天皇的封赏，被尊为国师。

古代的日本物资匮乏，生活条件十分落后，游学中国的日本僧人回国后，为了能够继续享受自己在中国优雅的生活方式，往往会建造中国风格的寺院。这些寺院虽然体量都比较小，但也足够个人修行所用，禅房便是茶室，修行与吃茶两不误。

茶文化刚传入日本时，茶是极其奢侈的舶来品，仅限于上层社会和佛教僧侣品用。举办茶会，也仅限于个别驻有留学归国僧人的寺院，茶会的范围、规模也很小。很长时间后，经过人们的口口相传，茶会便被更多的寺院模仿，候茶方式逐渐传开。

舶来品中国茶与茶具由于相对稀缺，便成为日本人身份与财富的象征，受到贵族的追捧。在当时的日本，能够拥有一斤茶，甚至比拥有千石粮更值得骄傲。茶走出寺院后，便完全改变了其本来面目，有权有势又有钱的人便以此作为炫耀的新方式，开始广发茶帖，举办大型茶会，在茶会上展示自己收藏的舶来宝物。

这一时期，由日本权贵举办的茶会大多是大型茶会，比如能阿弥的茶会与丰臣秀吉的北野大茶会，参加人数动辄几十上百。但是，饮茶还是仅限于上层社会，参加者不外乎是王室成员、贵族和僧侣，至少也是武士阶层。

表 2　对日本茶道作出贡献的茶人及其主要事迹

茶人	生卒年	年代	重要事迹
永忠和尚	743—816	唐	815 年向天皇献茶，日本开始栽种茶叶
明庵荣西	1142—1215	南宋	1211 年写下《吃茶养生记》
南浦绍明	1235—1308	南宋至元	1268 年带着中国茶具回日本
能阿弥	1397—1471	明	开创武士茶道，设计书院茶室、设定茶道台步、制定茶会服饰
村田珠光	1422—1502	明	能阿弥的弟子，建造了“四畳半”榻榻米的“草庵茶室”①，提出“和汉调和”，创建了侘茶概念。
武野绍鸥	1502—1555	明	珠光的徒孙，开发日本本土茶器，深化侘茶概念
千利休	1522—1591	明	武野绍鸥的弟子，擅长用美学表现侘茶

---

① 畳：日本传统房屋内铺设的长方形的硬席，也用作日本房屋面积的传统测量方式。不同的地区畳的面积略有不同：“京間(京都、关西地区)”：约为 1.82 平方米（191 厘米 ×95.5 厘米），“中京間（名古屋等东海地区）”：约为 1.65 平方米（182 厘米 ×91 厘米），“江戸間（关东地区）”：约为 1.54 平方米（176 厘米 ×88 厘米）。

第一节　日本制茶

东汉年间，日本就开始向中国称臣献贡，汉光武帝还向日本授过国王金印。自隋朝起，就有日本学问僧把中国的茶树种子带回日本，栽种在寺院周边。但是，日本自古至今的文字记载中几乎没有关于饼茶和团茶制作的内容，这是为什么？

荣西和尚在《吃茶养生记》的序之首写道："茶也，末代养生之仙药，人伦延龄之妙术也。"由此可见，至少在荣西和尚完成《吃茶养生记》之时（1211年），茶在日本并非饮料，而是被当作名贵药材来使用的。在《吃茶养生记》中，茶主治中风、糖尿病、厌食症以及脚气，是治病强身、延年益寿的良药。直至很多年以后，茶在日本也没有得到普及，仅仅是个别寺院为满足僧人"自饮"而进行少量的栽培。后来一度盛行的"武士茶会"，也是侧重于对舶来品唐物的展示、欣赏，并没有人对候茶方式和茶道思想有过多的关注。

唐宋时期的高端饼茶、团茶都是贵重物品，比较稀罕，中国的普通官宦人家都轻易不得入手，又何谈漂洋过海、出口倭国？《宋史》载："（绍兴）十二年[①]，兴榷场，遂取腊茶为榷场本，凡銙、截、片、铤，不以高下多少，官尽榷之，申严私贩入海之禁。"当时，中国的腊茶（团茶）是禁止出口的。茶磨最早出现在日本西本愿寺于1351年（观应二年）为纪念第三世法主觉如而编制的《慕归绘词》[②]中，书中绘有来自中国的茶磨，是为极端高位的珍品。

日本应永八年（1401年），第三代室町幕府将军足利义满[③]派遣使臣祖

① 绍兴十二年，即1142年。

② 真保亨『日本の美術187　慕帰絵詞』，株式会社至文堂，1981年版。

③ 足利义满（1358—1408），第三代室町幕府将军，实现了日本的国家统一。

阿与肥富赴大明王朝，在国书中奉明朝为正朔，称臣纳贡，希望通过发展中日贸易繁荣日本经济，得到允准。自此，中日之间开始了贸易往来，这种关系持续了约大半个世纪。

足利义满在京都宇治开辟“宇治七茗园”，为幕府提供茶叶，这时候已经是中国的明朝中晚期了。此时的中国早已有了“散茶为末”的候茶方式，并且由于明代朝廷的禁茶令，中国已经普及散茶。可以推想，当年随贸易船只进入日本国的茶并非团茶，而是散茶，或者是密封于瓦罐中用于碾制末茶的高级散茶。

尽管日本的僧侣、皇家贵族都努力模仿中国的“碎玉锵金”“啜英咀华”，但他们始终都很难接触真正的中国末茶，也很难有机会学习饼茶或团茶的制作方法。

日本古代制造末茶的方式，基本上承袭了中国元明时期的蒸青茶的方式，即先制作出未经揉捻的蒸青茶叶片，称为荒茶，然后将其切碎，组织大量的人力用筷子把荒茶中的叶梗、叶脉剔出来，挑选干净的叶片称作“碾茶”。成品碾茶装在一个一个毛边纸小口袋里，再把小口袋装入大瓦瓮中。这样的储藏方法与许次纾《茶疏》中介绍的方法完全相同，即先在大瓮中铺上干燥的箬叶，再把装有碾茶的纸袋放在箬叶上，在小纸袋的四周塞满干箬叶，这样一层一层地码起来，然后用箬叶、油纸封口，最后还要用融化了的蜡把瓮口封住。为了存放这些装有碾茶的大瓦瓮，人们会在山顶上建造一个四面通风的草屋，四面墙壁设有大窗，平时打开通风，雨季可以关闭，屋子的正中放置长条架子，大瓮被整齐地排放在架子上。

《大观茶论》中有关于茶园里套种大树的记载：“（今圃家皆植木以资茶之阴）阴阳相济，则茶之滋长得其宜。”在茶园中栽种大树，是为了调节茶树的光照，以助遮阳，“以资茶之阴”。在明治年间，日本茶人发现长在树荫下的茶颜色特别的绿，于是就衍生出了给茶树遮阳的方法，比如给茶树搭设竹架，铺上芦席、稻草来遮挡太阳光，这种方式灵活方便，可以根据需要随时调节，经济实用，因而沿袭至今。

第二节　日本学问僧

南宋嘉定年间，杭州径山寺被列为五山十刹之首，冠盖禅林，成为“东南第一禅院”，周边国家的佛家弟子纷纷前来参禅问道，其中有几个日本僧人，在茶文化历史上留下了辉煌的一笔。

一、永忠和尚

永忠和尚（图 66）是日本第 15 批次遣唐使。他入唐后，住在长安（今西安）西明寺学习汉语，在中国居住了近 30 年，于 805 年 62 岁时带着中国的茶树种子回到日本。

图 66　永忠和尚像

据日本《类聚国史·帝王部》记载，弘仁六年（815 年）4 月，嵯峨天皇到近江国滋贺韩崎巡游，途中感觉有些累了，便决定就近到崇福寺小憩，崇福寺大僧都永忠和尚得知后立即率领众僧在门外奉迎。嵯峨天皇下了车辇到中堂礼佛，之后又与随行的皇太弟及群臣赋诗和韵。

天皇在崇福寺休息时，大僧都永忠和尚为天皇奉上了自己亲手煎煮的茶。天皇喝了茶汤后，感觉味美无比，非常感动，当场授以御冠以示表彰。

据《日本后记》记载，天皇接受永忠和尚献茶后仅仅四十余天，就命人在皇宫里开辟了茶园，同时下令，让畿内、近江、丹波等地都种植茶叶，以备献贡。

当时，日本仅有极少数的寺院栽种茶树，供那些“海归禅子”饮用，聪明的永忠和尚借助天皇的力量，让茶叶有了一个亮相的机会，受到社会的广泛认可。“永忠献茶”成为日本茶叶发展史上的一个里程碑。

二、荣西和尚

荣西和尚（明菴栄西，1141—1215），号千光、叶上房，字明庵，俗姓贺阳，备中（在今冈山县）吉备津人，其父为吉备津神社的祠官。据记载，荣西自幼聪敏超群，八岁就能随父亲读《俱舍论》《婆沙》等深奥的经论，11 岁时师事吉备郡安养寺的静心上人，14 岁在比睿山出家受具足戒，17 岁时静心上人圆寂，荣西依师遗言，追随师兄千命法师禀受虚空藏法，在精诚苦修中屡见灵异。

荣西曾在 28 岁和 47 岁时两度入宋，求学于浙江天台山。第一次待了 5 个月，第二次待了整整 4 年，在临济宗黄龙派第八代嫡孙虚庵怀敞禅师身边学习临济禅。荣西尽心钻研数年后，终于悟得心要，获得虚庵禅师的认可，继承临济正宗禅法。1191 年秋天，荣西带着虚庵禅师授予的菩萨戒及法衣、印书、钵、坐具、宝瓶、拄杖、白拂、释迦牟尼佛以下二十八祖图等法物和中国的茶叶、茶籽回到日本。

荣西和尚归国后，全力倡扬禅法，受户部侍郎清贯正的邀请驻锡教化，并颁行禅规。刚开始时受众只有数十人，不久便道俗满堂。此后，荣西以肥前、筑前、筑后、萨摩、长门及九州为中心展开布教活动，全力倡扬禅法、开创寺院、制定禅规、撰述经论等，逐渐受到日本佛教界瞩目。

日本建久六年（1195 年），荣西在博多建立圣福寺，参禅者从四面八方云集而来，荣西也声名远扬。圣福寺后来获得了后鸟羽天皇赐给的匾额《扶桑最初禅窑》，为日本最早的禅道场。日本建仁二年（1202年），征夷大将军源赖家在京都创建建仁寺，授命荣西为开山祖师[①]，设台、密、禅三宗道场，并形成日本的临济宗。

荣西在宣讲临济禅的同时，也宣讲茶的功效，他认为修禅有三大障碍：一为睡魔，二为杂念，三为坐相不正。而其中睡魔为三大障碍之首，要驱除睡魔，最好的方法便是饮茶。

荣西带回日本的茶种，除了种植于筑前背振山及博多圣福寺外，还赠送给高辨和尚。高辨和尚将荣西和尚所赠树种栽种于京都的栂尾。这些茶树后来又分植于京都宇治，成为宇治茶之祖，后来进一步繁殖、分种，分布到日本更广泛的区域。

日本建保二年（1215年），荣西和尚用古文体写下《吃茶养生记》一书，书中大量引用了中国的《尔雅》《广州记》《茶经》《本草拾遗》等古典文献。《吃茶养生记》由上、下两卷组成：上卷讲茶叶的栽种、采摘、制作，下卷讲茶疗药效，用茶叶和桑叶来驱除外部入侵人体的病害等，强调五脏和合。

荣西认为："五脏中心脏为王乎。建立心脏之方，吃茶是妙术也。厥心脏弱，则五脏皆生病。"说的是人生病多半是心脏不好引起的，要想心脏好，就要多吃茶。"五脏喜五味""肝脏好酸味""肾脏好咸味""肺脏好辛味""脾脏好甘味""心脏好苦味"，他认为人的五脏分别喜欢不同的五种味道。心脏喜欢苦味，而茶是苦的，所以茶特别能够强健心脏。荣西鼓励人们多吃茶，并说："心脏是五脏之君子也。茶是五味之上首也，苦味是诸味之上味也，因兹心脏爱苦味，心脏兴，则安诸脏也。""心脏恒弱，故生病。若心脏病时，一切味皆违食，则吐之，动不食，今吃茶则心脏强，无病也。""若身弱意消者可知亦心脏之损也，频吃茶则气力强盛也，其茶功能。"

这本《吃茶养生记》的问世有一个有趣的故事，据说当时镰仓幕府将军源实朝饮酒贪杯，大醉后身体不适。荣西和尚闻讯后，赶来为将军献茶，以解宿醉。将军喝过茶后心清气爽，精神大振。荣西便献上了这本《吃茶养生记》，将军阅读后大加赞赏，从此便成了荣西的忠实信徒，在将军的鼎

① 见荣西《吃茶记》，施袁喜译注，作家出版社，2015年版。

力推荐下，《吃茶养生记》得到广泛传播，以至于当时的日本人“不论贵贱，均欲一窥茶之究竟”。

《吃茶养生记》的核心并非禅茶，也不是茶道，而是健康养生，它对日本人认识茶叶、了解茶之功效起到了重要的作用，荣西也因此被尊为“日本茶祖”。

三、南浦绍明

相当多的日本古籍，诸如《类聚名物考》(『類聚名物考』)、《续视听草》(『続視聴草』)、《本朝高僧传》(『本朝高僧伝』) 等都认为日本茶道始于南浦绍明和尚。

南浦绍明 25 岁时入宋求学，师从杭州净慈寺虚堂智愚禅师。虚堂智愚奉旨赴余杭径山万寿禅寺任住持时，南浦绍明也跟着上山，且在中国待了整整八年，甚至成为径山万寿禅寺的在籍僧人，结交了很多中国的高僧、道士、文人。1268 年，南浦绍明回归故里时得到了很多临别赠品，赠品被他收入庞大的归国行囊中，其中有七部中国茶书，以及包括一张黑漆桌子在内的一整套末茶道茶具。南浦绍明回到日本后，任筑前崇福寺住持，带回的茶具也成为崇福寺的镇寺之宝。

很多日本人认为，南浦绍明对日本茶道的开创有着关键性的意义，《类聚名物考》中记载：“茶道之起，在正元中[①]筑前崇福寺开山南浦绍明自宋传入。”南浦绍明带回的那套茶具被日本人称为“皆具”，即一整套的意思。日本茶道分为“真、行、草”三个等级，几百年来，日本茶道的最高等级“真”的指定茶器便是这套中国茶具。在《慕归绘词》的插图中可以看到，当时茶席上使用的大量唐物茶具和餐具，包括风炉、茶釜、水盂、水罐、香炉、漆盒、碗碟、食案等，其中就有南浦绍明带回日本的风炉、茶釜（见图 67）。

---

① 正元中，日本正元元年，即 1259 年。

图 67 《慕归绘词》中插图

南浦绍明到中国的时候是宋朝，回日本的时候已经是宋末元初了。由于当时的日本社会比中国要落后许多，所以南浦绍明带回日本的茶书、茶具并没有立刻得到使用，被闲置了许多年。日本人真正开始使用这些茶具，真正对中国茶道的内涵精神进行思考和探索，是很多年以后的事情了。

三谷良朴在《和汉茶志》(『和漢茶志』) 中描述了南浦绍明带回去的那张桌子的构造——“下盘方隅设四柱而冠板为台，以黑漆涂之”，就是用四根柱子（桌腿）撑起上下两块木板而构成。这张桌子被日本人称作“台子”，这一称呼也是原封不动从中国传过去的，众所周知，中国江南一带至今称桌子为“台子”。

南浦绍明的弟子宗峰妙超继承了这张黑漆桌子，在他开创京都大德寺后，这张桌子便一直保管在大德寺内。真正使用这张桌子的是南浦绍明的徒孙天龙寺的梦窗疏石和尚，他在京都召开茶会时，就是使用这张桌子来陈列茶具的。

古人本席地而坐，中国自汉朝后，开始接触桌椅，唐朝以后才逐步离开地面，到了宋朝，桌椅才开始普及。日本的房子都比较窄小，屋子里几乎没有床铺家具，在地上铺上被褥就可以睡觉了，中国古时普通台子的高度较低，所以在日本人的生活中，这样的台子几乎没有用途。日本茶道形成之初，出身贵族、武士的主办者非常热衷于把自己收藏的各种唐物陈列出来让客人观看，足利义教时期，台子成为能阿弥“书院台子装饰”的主要道具，南浦绍明带回日本的中国台子被当作陈列用的架子来使用就不难理解了。

《茶事谈》(『茶時談』) 另有一说：最早在茶会上使用中国台子的是村田珠光。据说村田珠光偶然在大德寺发现这张来自大唐的台子竟然被闲置着，觉得很可惜，便在自己举办茶会的时候，使用了这张非常有意义的台子。此时距南浦绍明带这个台子回日本，已经过去约两百年了。

虽然说南浦绍明从中国携带回日本的茶书、茶具对日本茶道的诞生起到关键性的作用，但在日本古籍中尚未发现有关于南浦绍明本人举办茶会的记载。

第三节　日本茶人

在日本，“茶人”是一个很特殊的概念，日本茶人并非种茶、制茶的人，也非单纯吃茶的人。历史上的日本茶人都是出家人，但这并不意味着他们就是真正虔诚的佛教徒，或者在佛学教义的研究上取得了什么特殊的成绩。日本的佛教与其他国家的佛教不同，日本僧人可以结婚生子，可以杀生吃荤，大多数的寺院都是由家族传承。日本古时候把人分成士农工商等级，商人虽然很有钱，但是社会地位最低，而僧人却能够超脱于尘世之外，有很高的地位。一些商人为了摆脱自己低下的社会地位而选择出家，这不失为一种很好的方式，这种现象在古代欧洲也常有。

在古代日本能够被称为茶人必须满足两个条件：第一，出家为僧；第二，必须掌握一定的鉴定古董唐物的技能，并拥有足够多的唐物，茶人的知名度往往也视其拥有唐物的多寡而论。古代日本茶人也更多地被视为艺术家，茶道流派的组织结构、传承方式，都与日本其他传统艺术种类、门派体系等有着极高的相似度。

直至今天，在日本，一个人一旦成为艺术家，就不再是俗人了，必须剃光头发，宣称自己已经抛弃人间俗事，全神贯注于自己的技艺。

一、能阿弥

人们通常认为日本的茶道是由村田珠光、武野绍鸥、千利休三个著名茶师开创的，但要追考日本茶道的起源，遗漏了能阿弥绝对是不应该的。事实上,除去精神层面的意义,真正着手日本茶道研究与实践的第一人是能阿弥。

明朝中晚期，在饮茶方式上，中国已经开始泡茶，而日本人对于末茶的认识与追崇才刚刚开始。随日本僧人进入日本的“唐式茶会”也逐步走出禅林深院，在武士阶层中流行起来。唐式茶会的内容有点心、点茶、斗茶、宴会等，所用的器具、方式乃至原材料都极具中国传统风格，所有陈设都尽可能地模仿中国的式样。日本应永八年（1401 年），第三代室町幕府将军足利义满派遣使臣祖阿与肥富到中国递交国书，希望通过发展中日贸易来繁荣日本经济。此时,正值明朝朝廷下令罢造团茶不久,这期间,大量的中国茶具、字画、乐器、文房四宝等被运往日本，成为皇家贵族、上层社会的囊中宝物，其中也包括中国的茶磨。当时的日本人能够得到一件大唐宝物非常不容易，不但要有足够的钱财，还要有相当的权势。

在日本，将军的财富和势力甚至超过天皇，他们管控着港口码头，来自中国的贸易船靠岸后，所载物品除了一部分敬献给天皇外，必须由将军率先挑选，选剩下的才由商人们购买，老百姓可能一辈子都没有见过。唐物的价格在市场上越炒越高，为了得到一件唐物，甚至会上演各种不同形式的强取豪夺，一个装末茶的陶瓷小罐子都可能会引来杀身之祸。

毫无疑问，足利将军收藏了很多来自中国的唐物，他还特地建造了一个巨大的园子“花御所”,专门用来招待上层贵族在此吃茶取乐。举办茶会时，他会将自己收集的各种大唐宝物展示出来，表面上是共同鉴赏，实为炫耀自己的权力与财力。据日本古籍记载，当时贵族们但凡举办茶会，必定伴有“唐物展览”，琵琶、古琴、陶瓷、书画、香盒、漆器、香料等，应有尽有，陈列规模巨大，如同办展览会，熙熙攘攘，热闹非凡。很明显，这时候的日本茶会属于权贵阶层，是奢侈豪华型的。

据记载，1437年，足利义满的儿子、室町幕府第六代将军足利义教招待天皇吃茶，展出了众多唐物，有茶汤棚、金建盏、银盏托、南镣茶釜、茶筅、象牙茶勺、银漱口碗、漆器食盒以及胡铜风炉[①]等。

对于日本茶道来说，能阿弥的贡献不可小觑。能阿弥原本是越前守护大名[②]的家臣，剃度后成为室町幕府第六代将军足利义教、第八代将军足利义政的文化侍从，是一个由武士"进阶"为艺术家的人。据说能阿弥多才多艺，不但通晓书、画、茶、花，还负责对足利将军家族收藏的唐物进行鉴定、修缮、造册和保管。能阿弥把足利将军家历代收集传承的众多唐物名器分为三等，将其中的上等品和中上品归类编入"东山御物"。能阿弥编著的《君台观左右账记》(『君台観左右帳記』)一书，是当代研究日本文化不可缺少的参考书。

南北朝时期，日本开始出现中国书院风格的建筑，京都的银阁寺便是一个代表。能阿弥非常喜欢中国文人书斋里常见的书架、书柜，他认为这种设计可以最大限度地陈列各种古玩名物。他设计了一种迷你的书院作为茶室，这种茶室被后人称为"书院茶室"。书院茶室的特征是带有明亮的格子大窗和错落有致的古董架。同时，能阿弥还制定了一套与之相匹配的唐物陈列规则，称为"东山殿御饰"。为了能够让参加茶会的人获得更好的体验，能阿弥规定与会者必须穿着能够充分体现各自身份地位的服装才能出席茶会，规定将军必须身着"神官服"，贵人则穿"素袍"，即使身份低下的庶民也应穿礼服"袴"。他还把日本传统舞剧"能"的舞台台步引入茶道，茶会上，茶人捧着茶器出场，端着身架子，一步一顿地走出来。能阿弥的候茶方式模仿《五百罗汉图》中的"点茶"，点茶人"左手拿着汤瓶，右手拿着茶筅，然后一边向茶碗里注入开水，一边用茶筅搅拌"[③]。

能阿弥设计的茶室规模缩小了许多，减少了参加茶会的人数，并规定参加茶会的人不论身份地位如何，都必须正襟危坐，认真严肃，禁止嬉笑交

---

① 汤棚是放茶具的架子。漱口碗可能是水盂或者唾盂，现在被称为"建水"。漆器食盒、茶釜、风炉都是日本茶道中使用的工具。

② 守护大名：日本镰仓时代的守护，属于地方最高长官，负责维持治安；室町时代的守护为地方最高长官，称为守护大名。

③ 见桑田忠親『茶道の歴史』，株式会社講談社，1979年版。

谈。能阿弥对日本茶道的贡献大体可以归纳为：设计建造了“东山书院茶室”；设计了“东山殿御饰”；规定了不同阶层赴茶会者的服装；设计了最初的候茶程式、方法。

日本的东山茶道是日本早期的茶道，与佛教禅宗并无相关，是弥漫着奢靡与拜金气息的贵族茶道。

二、村田珠光

村田珠光出身僧侣之家，年少时即在净土宗寺院出家，后由于对寺院里勤务怠慢而被逐出山门。在外游荡期间碰到了能阿弥，为能阿弥的才华所折服，便跟随其学习插花和唐物的鉴定，由唐物鉴定而接触到了能阿弥的东山茶道。后来，珠光听说著名的“疯僧”一休宗纯和尚正在京都的大德寺挂单，就去拜师，跟着一休和尚学习参禅。

村田珠光在一休和尚的身边修行，接受了“众生平等”的思想，领悟到“佛法亦在茶汤中”“茶道不是游戏，也不是炫耀宝物”。于是，村田珠光主张茶道应该朴素低调，回归禅宗。一休禅师认为珠光能够有这样的见地便算是大彻大悟了，就把自己收藏的宋朝高僧圆悟克勤禅师的画作《印可状》(『印可の証』)[①]，赠送给他。

日本室町末期，茶树的栽种面积得到扩大，茶的产量有所增加，茶已经不再那么稀罕了，茶事也不再为皇室、贵族、武士、僧侣所垄断，平民百姓也能够吃上茶了。农民们在田间劳作休息时,聚集在田边地头的茅草棚里，有模有样地吃茶，称这样的田头茶会叫“云脚茶会”“淋汗茶会”。

村田珠光受能阿弥书院茶道的影响，又受一休禅师的点化，当他看到民间田头的草棚，便产生了灵感，立刻用竹木、茅草建造了一个简陋窄小、只有四畳半的草庵茶室。他把能阿弥的豪华书院茶室进一步缩小，摒除了茶室中固定的唐物展示架，只留一个神龛[②]用来供奉佛像，尽可能地采用日

---

① 圆悟禅师的墨宝现保存在日本东京国立博物馆中。

② 神龛：供奉神像或祖宗牌位的小阁子。

本本土的茶具、餐具。取消能阿弥茶道中让人感觉等级差别的部分，以彰显佛教的众生平等。村田珠光的草庵茶室也被称为“数寄屋”[①]。

村田珠光在四畳半的草庵茶室里举办茶会时，没有采用任何舶来唐物，只有极其简陋的日本本土的陶器和竹木制品。茅草茶室的神龛里挂着圆悟克勤禅师的墨迹，由于圆悟克勤禅师是宋朝天宁寺的高僧，是日本大德寺的“禅的始祖（禅の開祖）”，声誉卓著，这幅画在当时的日本属于最高等级的禅画，这与村田珠光简陋的茶室风格产生强烈的对比。看惯了豪华茶会的人们看到村田珠光的这个极端简陋却又极端奢华的茶室时，都瞠目结舌，说不出话来。“草庵茶室”一下子轰动了整个京都，人们纷纷效仿，并称其为“侘び茶”。村田珠光是日本茶道的改革者，也因此被尊为日本“侘び茶”的开山鼻祖。

“侘び”的日文读音为“wabi”，本有“寂寞”“贫穷”“寒碜”“苦闷”的意思。当时的日本社会动荡，新兴的武士阶层走上政治舞台，原来占统治地位的贵族阶层开始失去势力，这些失意的贵族开始信奉净土宗，把红尘世界看成是秽土。在“厌离秽土，向往净土”思想的影响下，很多上层文人离家出走，或隐居山林，或流浪漂泊，在野外搭建草庵，过起隐逸的生活。文人们创作一些色调阴郁的“草庵文学”，以抒发自己的思古幽情，排遣胸中之积愤。一如中国历史上很多特殊时期的失意文人一样，“侘び”成为当时日本的一种艺术风格，其凄美清淡、出世隐匿打动了很多人的心，一些失意落魄、郁闷孤愤的武士和文人，都很喜欢称自己为“侘び人”（日文读音为“wabibito”）。

村田出名后，能阿弥把他介绍给足利将军担任茶道老师。在足利将军府，村田珠光有机会认识和使用各类艺术珍品以及豪华的“东山御物”。领悟了佛教“本来无一物，何处惹尘埃”精髓的村田，其茶道思想发生巨变。此后，村田珠光的茶道中便经常出现舶来品，村田珠光称其为：“草庵拴名

---

① 数寄屋：数寄屋茶室是从书院茶室发展而来的，以日本传统的民居为样本，尽可能地摒弃书院建筑中过于奢侈与烦琐的装饰。较多地采用一些未经打磨的带皮的树干、竹子、茅草等材料，宽大低垂的屋檐创造出茶室内部的阴暗，形成神秘与宁静的氛围，反映了茶人们放下外在虚饰、注重内心安宁的精神面貌。

驹，此景亦雅趣。然即粗陋座，亦需置名物。”[①]他将这称作“和汉之美的协调”，强调无论在候茶方法还是在茶具的选用上都要协调日本与中国的元素，反对过于偏重舶来的器具与方式。村田珠光把自己对于“和汉协调”的心得都写进《心之文》(『心の文』)中，文中提道，“(茶道的)重点是融合和汉之界线”，茶人必须要注重茶道中的“和汉协调”。毋庸置疑，村田珠光是将“拿来主义”运用到茶道上非常成功的艺术家。

村田珠光出身“殿下人”[②]，他虽然评鉴过很多茶器，但他从一个开悟僧人的视角来看红尘世界，更加体会到命数之无常，任何物事（茶器）的价值都可以在一瞬间获得，也可以在一瞬间消失。

从中国传入日本的茶道，经历豪华的“东山茶”、简陋的“草庵茶”之后，“中庸”地协调了和汉之界后以“侘び茶”的形式重新出现。此后，日本茶道所有的发展与进化，都是在村田“侘び茶”的基础上展开的。

三、武野绍鸥

日本《南方录》(『南方録』)中是这样描述武野绍鸥的：武野绍鸥（1502—1555），出身堺城豪商之家，年轻时的梦想是成为一名连歌[③]诗人。在京都游学期间学习茶道，后回到堺城继承了万贯家产，开始教授茶道。绍鸥拥有六十多件著名的唐物茶具，是堺城拥有唐物最多的人，并成为茶道名人。《山上宗二记的研究》(『山上宗二記の研究』)中亦有：“当代无数之茶具，皆出自绍鸥之目明。”是说当时很多茶具，包括一些此前从未见过的舶来品，都是经过绍鸥的评鉴，才成了珍品。

武野绍鸥是村田珠光的徒孙，他继承和发扬了师祖的“侘び茶”。武野绍鸥对村田珠光的四畳半茶室的尺寸、物件摆设的位置、装饰方式等又做了

① 桑田忠親『山上宗二記の研究』，株式会社河原書店，1977 年版。

② 殿下人：没有资格进入上层社会聚集场所或皇宫的人。

③ 连歌：日本古时候的一种由二人以上共同完成的接龙诗歌。

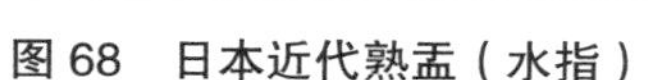

图 68　日本近代熟盂（水指）

图 69　东晋青釉褐彩蛙形罐（上海博物馆藏）

更加具体精细的调整，他认为茶室太亮就会让人看出茶具的“贫相”，于是创建了坐南朝北的茶室。茶室里昏暗的光线让人看不清茶具的真面目，朦胧含糊的意境，让人对茶器、对环境产生出众多美好的想象。

武野绍鸥设计出带有书院要素的“绍鸥台子（架子）”，该台子兼具书院的陈列功能，下方有储物的小柜，上方有用来陈列茶器的多层隔板。那些在豪华的“书院茶室”与质朴的“草庵茶室”之间犹豫不决的人们立刻喜欢上了“绍鸥台子”，这样的台子让简陋质朴的草庵茶室拥有了华美的元素。

自他之后，很多茶人都推出了自己喜爱的、各式各样的台子来美化自己的茶室。日本的茶人还参照中国唐物，制造出众多带有中国元素的茶器来，图 68 是日本茶道中常用的水指（盛净水的小瓦罐）中的一种，它的原型是中国东晋青釉褐彩蛙形罐（见图 69）。

武野绍鸥是堺城的著名商贾，其唐物拥有数为当时日本之最，他曾经在茶会上两次使用同一只从中国流入日本的矮胖茄子造型的末茶罐，人称“茄子茶入”。这只“茄子茶入”因被武野绍鸥使用过而身价倍增，人们争相抢夺，几经易手，甚至还有人为得到它而付出了生命。

四、千利休

千利休，本名田中与四郎，最初跟着茶人北向道陈学习东山茶道，后来剃度并改名为千宗易，成为武野绍鸥的弟子。所以，千利休的茶道既拥有“东山书院茶道（東山書院茶道）”的奢华，又有着武野绍鸥“侘び”与和汉之美的协调，再加上他本人的融合贯通，形成了千利休独特的美学观点和茶道精神。

武野绍鸥死后，千利休成为当时堺城的三大茶人[①]之一。当时的将军织田信长刚刚掌权，为获得堺城商人的支持，便聘用这三个堺城茶人来做自己的茶头。茶头主要负责将军家的茶事，在某种程度上相当于将军家的御用艺人。将军为了显示自己的地位，支付给被聘茶头的报酬往往很高。“本能寺之变”后，织田信长去世，丰臣秀吉一统日本天下。出身贫苦农民的丰臣秀吉为攀附风雅，便原封不动地继续聘用这三位茶人。

日本天正十三年（1575 年），丰臣秀吉携千宗易向天皇献茶，根据当时日本的等级观念，商人出身的千宗易为“殿下人”，没有资格进入皇宫，为此，丰臣秀吉特地替他向天皇求一个身份，天皇便赐给千宗易一个号，叫利休居士。从此，千宗易便以利休居士的身份在上层社会走动。

千利休作为身份低下的商人，既非武士，又无战功，靠茶得以立身扬名，被丰臣秀吉奉为茶道宗师，破格享受三千石之高的俸禄。同时，他凭借着自己的聪明与努力，成为将军府里上上下下唯一一个“可以随便与丰臣秀吉对话的人”[②]，甚至涉足国家政治，达到一人之下万人之上的地位。

作为一个受聘的御用茶头，在将军府里，千利休理应要看将军的脸色行事，必要时做出妥协。年轻时不如意的爱情经历、生活艰难、在将军府里各种克制压抑，都对千利休的世界观的形成产生了重要的影响，他从骨子里反感当时社会奉行的等级观念，向往人与人之间的平等和睦、互相尊重。

---

① 武野绍鸥死后，堺城有金井宗九、津田宗及和千宗易三个比较著名的茶人。

② 传说丰臣秀吉专横跋扈，将军府里上上下下无人敢与之对话，稍不留意，便会引来杀身之祸。

千利休是一个艺术家，他把自己的压抑和悲诉，以及欲念与追求，都以“不完美”和“残缺美”的形式表现在自己的茶道中。

艺术是一个矛盾的综合体。《南方录》卷首引用了千利休的一段话：“以佛法修行得道，追求豪华住宅、美味珍馐乃俗世之举。居以不漏雨为足，饭以不饿肚为足。此乃佛之教诲，茶道之本意也。”但是事实上，千利休建造的每一个“詫び”“寂び”的茶室都耗费千金，极其昂贵，他使用的每一个“残缺”茶具都价值连城，甚至远远超过一栋豪华住宅的价格。千利休曾经为了自己的美学效果，故意把来自中国的天价双耳瓷瓶砸去一个耳朵，以表现残缺、不如意的意境。所以，有人对千利休的这种一掷千金的“破坏艺术”的行为表示质疑，认为这不是“侘び”，而是奢侈，是暴殄天物。但是不管怎么说，人们都不得不承认，千利休确实是达到了自己预设的艺术效果。人们在破损的天价瓷瓶面前叹息命运的无常、人生的遗憾，在被千利休撕碎的腊梅落英面前，连杀人不眨眼的魔头丰臣秀吉都会感动得流下眼泪。尽管，为了达到设计的艺术效果，千利休茶道的成本经常会很高，高得令人瞠目结舌。

后来，由于千利休过于惹眼，又涉足政治，直接威胁到丰臣秀吉的权威，在“木像大不敬事件”和“茶器暴利事件”的双重罪名下，他被丰臣秀吉赐令切腹自尽。

笔者认为，对于日本茶道中的“侘び”，每个人的解读与感受是不一样的。如果说千利休单是一个清心寡欲、追求“侘び”的竹林禅师的话，那么他的很多行为则难以圆说，但是作为一个艺术家、一个环境艺术与行为艺术的专家，他的天命，就是要对艺术表达的最高境界进行不断地追求、追求、再追求，即使付出高昂代价也在所不惜吗？

第七章

现代·末茶之复兴

自洪武二十四年（1391年）朱元璋下令禁茶以来，中华末茶便日趋萧条，到了近代，几乎销声匿迹、无人知晓。笔者于2006年做调查时，整个互联网上仅仅找到三条关于茶粉的信息，有关末茶（抹茶）的信息一条都没有。很多人完全不知道中国历史上曾经有过末茶，有过茶道，辉煌一世的茶磨也彻底不见踪迹。当时中国的茶道成了日本的国粹，日本人和韩国人在互联网上对茶道起源问题“据理力争”，都说要将茶道申请为本国的世界非物质文化遗产，由此还引发各种“口水大战”，让人难以释怀。

第一节　现代末茶工厂的诞生

20世纪80年代，笔者踏上日本国土，作为一个留学生，自然而然对当地的风土人情、文化习俗感到新鲜，对于日本的茶道、装道、花道，以及其他民俗礼仪都兴趣盎然。有一次，在茶道学习的课间休息时，茶道老师笑着问我：“日本的茶道是从中国传过来的，你为什么要到日本来学茶道呢?”这让我非常惊讶，无以为答，回家就立刻查阅了一些资料，这才了解到，原来日本所称的“抹茶”即中国的“末茶”。中国的末茶成型于魏晋，日本创立专为将军提供茶叶的御用茶园时，已经是中国的明朝时期，日本茶道的兴起比中国晚了整整一千年。

2005年的春天，笔者请朋友们喝从日本带来的抹茶，闲谈中，聊起中国末茶道曾经的辉煌和现在的状态，古老的末茶“墙内开花墙外香”的现状令人如鲠在喉、不吐不快，朋友们都唏嘘不已，深感遗憾。末茶，一个蕴含如此悠久历史的美好文化，怎么能就这般流落他乡、回家无门了呢？这次朋友聚会为后来“振兴中华末茶”“末茶回娘家”行动埋下了伏笔。

抹茶在日本是奢侈品，高端的抹茶非常昂贵，笔者最初的心愿是“让所有的中国人都吃得上并且吃得起抹茶”。中国的末茶已经被遗忘得太久太久，要让中国的末茶再度崛起，捷径便是从日本引进现有的技术和设备，毕竟日本三百年来一直没有中断过抹茶的栽种与制作，末茶制作技艺的传承与发展都做得较好。

2007 年年初，“振兴中华末茶之路”从上海浦东新区的一个小院落里发足了。当时日本京都宇治的日中友好协会会长、上林春松本店的董事长上林先生，抹茶生产设备研发专家池田先生以及很多宇治和束地区的茶农都给予了笔者积极的支持与帮助，公司取名“宇治抹茶（上海）有限公司”，不仅仅是为了感激日本茶农几百年来对中国末茶的热爱与传承，也是感谢他们对“振兴中华末茶”“末茶回娘家”行动的大力支持。

“末茶回娘家”行动刚开始时，全体员工仅有 6 人，全部家当只有从日本宇治买来的五台茶磨和一摞学习笔记，没有生产经验，有的只是三个创始人对“振兴中华末茶”的一片执念和“愿亲人健康美丽”的一腔热血。

2007 年，正值国家开始实施企业产品生产许可（QS）之际，食品生产企业必须要持有生产许可证，申请生产许可证不可欠缺的是产品的执行标准，可当时国内根本没有“末茶”这个产品，又何来标准呢？

当时，浦东新区质监局的专家褚坚玲，给我们详细讲解了什么叫“执行标准”，并且说没有国家标准（简称“国标”），可以自己来制定一个企业标准（简称“企标”）。这下可把我们难倒了，我们从来没制定过产品标准，怎么办？不会就学，笔者就天天去“麻烦”褚老师，为了不影响她的工作，笔者和品管两人连续几天，天天坐在区质监局办公室的门外候着，透过玻璃门向里面“窥视”，一旦看到褚老师有了空闲，便立刻蹭进去求教。这样努力了好几个星期，终于成功编制出了中国第一个抹茶企业标准《抹茶》（Q/TFPS—2007），抹茶的英文为“stone mill powered green tea”（用天然石磨碾磨的绿茶粉末）。当时的企业标准是这样定义抹茶的：“用天然石磨碾磨成微粉状的覆盖蒸青绿茶。”

褚坚玲老师还手把手地教我们编制了所有申报 QS 所需的文书报表。2007 年年末，公司终于拿到了生产许可证，那是一张 0001 号的许可证！这一天晚上，全厂员工以茶代酒，欢呼了好久……

创业的路上布满了荆棘，因为人们不识抹茶为何物，根本谈不上销售市场。几个人用两条腿走遍了上海几乎所有的食品厂，苦口婆心地登门讲解。半年下来，脚上的皮鞋都磨损得没有了鞋跟，甚至连靠着鞋底部分的鞋帮都磨穿了。虽说依然没有卖出多少产品，但是却让上海几乎所有的食品厂都知道了什么是抹茶。那时候，偶尔接到一千克产品的订单，全厂员工都会兴奋得欢呼鼓掌。到了年底，公司发不出年终奖，笔者只能自掏腰包，给每个销售员买了一双皮鞋，心里满是歉意。

由于产品在国内食品行业中认知度几乎为零，所以销量非常少，公司整整赤字了三年，不得不缩衣节食。最艰难的时候，笔者甚至拿着首饰走进当铺，带着古董家具收购店的人来给家里的红木家具估价。在那个最艰难的时候，笔者在日本时的几个学生主动联系了笔者，这些学生当时正在中国的日资企业就职，他们都是学汉语的，热爱中国，听说老师回到中国，要复兴中国的末茶，都积极支持，帮助老师把产品推荐给在中国的日资企业。

中国的抹茶第一次闪亮登场是在2010年的上海世界博览会（简称“世博会”）。世博会上，日本展馆把美丽可口的抹茶冰激凌展现在全世界观众的面前，翠绿色的冰激凌征服了观众，作为世博会抹茶供应商，宇治抹茶（上海）有限公司也进入大众的视野。

记得在公司成立初期的几年，由于当时关于中国抹茶的信息缺失已久，不但一般消费者对抹茶茫然无知，很多企业也摸不着头脑，市场上茶粉类产品标识混乱，很多企业把绿茶粉叫作抹茶，有意无意之间误导了消费者。当时江苏省有一个绿茶粉的地方标准，但仅仅是茶粉生产的卫生指标，而浙江的一些工厂则采用绿茶的标准来生产抹茶。于是，笔者便产生了要制定抹茶国标的念头。

笔者的电脑里至今保存着最初的抹茶国标的初稿，日期是2009年。记得当时与全国茶叶标准化技术委员会秘书长翁坤老师讨论得最多的话题就是“抹茶（末茶）是否得用茶磨来碾磨”的问题。

2016年夏天，全国第一次抹茶国标研讨会在杭州茶科所召开（见图70）。笔者按照翁坤老师所托，带去了我们的产品——茶磨抹茶，还带去了

图 70　笔者在第一次抹茶国标制定研讨会上发言

我们连续修改三版的抹茶企业标准。

会上，笔者力主要沿用老祖宗定下的名字——“末茶”来命名产品、命名国标，可惜没有被采纳，记得当时给出的理由是很多民众已经“先入为主”，接受并默认“抹茶”这个称呼了。后来一致通过的国标给抹茶的定义是：“采用覆盖栽培的茶树鲜叶经蒸汽（或热风）杀青后，干燥制成的叶片为原料，经研磨工艺加工而成的微粉状茶产品。”2018 年，国标《抹茶》公布，宇治抹茶（上海）有限公司成为起草人单位，笔者也作为起草人而“榜上有名”，这距离第一个《抹茶》企标的诞生，不多不少，恰巧过去了 10 年。

第二节　现代末茶[①]制造

抹茶的原料是碾茶，换言之，抹茶是用碾茶碾磨而成的。16 年前，中

① 现代部分，由于产品执行标准为《抹茶》（GB/ T 34778—2017），此节统一称“抹茶”，笔者期待将来会有回归“末茶”称呼的那一天。

国几乎没有碾茶和碾茶生产线，只能使用绿茶，或者用没有揉捻过的蒸青绿片茶来代替，国内的蒸青绿片茶原本是用来制作袋泡茶的，里面含有大量的叶梗、叶脉，要在已经切碎了的绿片茶中剔除这些叶梗、叶脉几乎不可能。为了寻得合适的茶原料，笔者走遍了江浙一带的山山水水，走访了很多茶园，经常与茶农们讨论如何才能生产出不含或少含叶梗、叶脉的蒸青绿片茶来。

笔者并不是茶学专业出身，也没有研究过茶，为了制作出合格的抹茶，很多时候都是带着问题到日本京都宇治的茶农那里去求学，几乎天天泡在宇治的茶厂里，然后再现学现卖，手把手地教国内的茶农，想方设法为他们提供技术上的指导。

距第一家抹茶工厂的创立已经十多年过去了，国家从政府层面对抹茶的生产给予了巨大的扶持，碾茶流水线在中国开始露面，并且在短短的几年内如雨后春笋般普及开来。到了 2020 年，江、浙、皖、闽、云、贵都出现了大量的碾茶栽种基地，以及上百条碾茶生产流水线，原料碾茶的质量有了明显的提高。很多茶农已经拥有了独立制作抹茶的生产技术，产量年年攀升，创造出令人瞩目的巨大的经济效益，大街小巷的饮品店几乎都有了抹茶产品，抹茶终于走进了中国人的生活，被摆上了千家万户的餐桌，笔者最初“让所有的中国人都吃得上并且吃得起抹茶”的心愿，终于实现了。

一、遮阳增绿

抹茶国标的感官品质指标将抹茶的颜色定为“鲜绿明亮”和“翠绿明亮”，可见当代人们越来越喜欢绿色的抹茶了，笔者也欣慰于古老的末茶经历了宋朝“如云似雪”“去膏必尽”的波折后，再度回归到末茶应有的崇尚绿色的自然本质。

茶叶有一个与众不同的特性，那就是适当的遮阳能够使茶叶的颜色变成墨绿色（见图 71、图 72）。中国在很早以前就有了遮阳栽培的技术，《大观茶论》中有：“（今圃家皆植木以资茶之阴）阴阳相济，则茶之滋长得其宜。”中国古人做任何事情都讲究五行八卦、阴阳相济。茶树作为植物，自然需要

图 71　覆盖与非覆盖茶

图 72　常规原料审评

阳光，但是茶树并不喜欢太强烈的阳光，茶树的叶子在强烈阳光的直射下会被“烧焦”，茶树更喜欢间接、曚昽的光照，这也就是为什么有水雾的地方能产好茶的原因。为了给茶树遮阳，古人发明了间植法，即在茶园中种植高大的树木，以梧桐树为佳。梧桐树能够长得非常高大，因而丝毫不影响下方茶树的通风和光照，又有化强光为散光的功效。冬天，阳光比较弱了，梧桐树也正好掉光了叶子，不会影响茶树的光照。当发生霜冻时，大树的枝丫又可以把空气中的水分凝聚起来，替茶树挡去霜冻之害，对茶来说，梧桐树真是当之无愧的保护神。在给公司制定标志（logo）的讨论会上，员工们全员举手，选择了桐花标志。

日本明治年间，有人发明了在茶树上方搭设遮阳架的方法，一般在春茶采摘的一至二周前开始搭设架子，在架子上铺排芦席、稻草，称作“高架覆盖”。另外也有简易覆盖的方法，即直接把黑色的塑料纱网覆盖在茶树上。

日本学者竹井瑶子的研究表明：覆盖遮阳改变了光照强度、光质和温度等环境因素，因而影响茶叶香气品质的形成。露天茶不含 α-檀香醇、苯甲酸及其所生成的酯类，除低级脂肪族化合物的含量较高外，其他香气成分的含量明显低于覆盖遮阳栽种的茶[①]。

实验结果还表明，使用不同材质、不同颜色的遮光材料所产生的遮阳效果是不一样的，采用黄色遮阳物的效果高于黑色的遮阳物。为了不影响茶叶的正常生长，促使茶叶在最后两周内能够正常地吸收到足够的养分，第一周的遮阳率以80%左右为佳，第二周增加覆盖密度，使遮阳率达到98%以上，这时候覆盖网架的内部基本上已经伸手难见五指了。覆盖网与茶树的接触方式也会对茶树产生影响，现代高架覆盖采用双层覆盖网，可以根据需要调节遮阳率，又由于覆盖网并未直接接触茶树，通风效果明显优于简易覆盖，可以避免茶叶被高温覆盖网“烤焦”（覆盖网在强烈的太阳照射下温度升高），所以高架覆盖茶质量更佳。

经过覆盖的茶叶，其叶绿素、氨基酸和类胡萝卜素三项指标都明显提高，与自然光栽培相比，覆盖茶的叶绿素增长1.6倍，氨基酸总量增长1.4倍，类胡萝卜素增长1.5倍[②]。

需要特别小心的是，在覆盖期间，茶树很容易发生病虫害，采用简易覆盖方式的茶园因为通风效果差，更容易发生病虫害。

二、荒茶制作

中国抹茶复兴伊始，生产设备的研发也刚刚起步，国内所用的碾茶加工机器，大多沿用日本20世纪初开发的机器，其中碾茶生产线不但占用场地巨大，而且能源的消耗也十分惊人。期待我们的茶机研发人员积极研究与实践，给种植茶叶第一线的茶农和后期精加工的企业带来更多的惊喜。

1. 蒸汽杀青

《茶经》曰：“甑，……篾以系之。始其蒸也，……”中国从唐朝开始

---

① 见陆松侯、施兆鹏主编《茶叶审评与检验》，中国农业出版社，2001年版。
② 见宛晓春主编《茶叶生物化学（第三版）》，中国农业出版社，2007年版。

就采用蒸汽杀青法来制茶了。一般情况下，水的最高温度是100摄氏度，但是水蒸气的温度远远超过100摄氏度，瞬间就可以破坏新鲜茶叶中的生物酶。古老的蒸汽杀青法被延续至今，不过设备已经升级换代，现代化的蒸汽杀青机取代了原始的竹制蒸笼。

研究表明，茶叶在蒸青过程中产生大量的芳香醇，这些香气构成了抹茶特殊的海苔与粽叶的香气，蒸汽杀青时间极短，最大限度地保护了茶叶的叶绿素，所以经覆盖栽培和蒸汽杀青的绿茶不但色泽翠绿，而且香气浓郁。

茶叶的杀青方法并不限于蒸青，蒸汽杀青的关键词是“瞬间”，只要能够达到同样效果，其他的杀青方法也是可以考虑的，比如“热风法”“蒸烘法”“超声波杀青法”“超声波＋烘焙炉”“超声波＋热风”等。

2. 冷却

从蒸汽杀青机出来的鲜叶已经被挤压结块，通过解块震动传送带，由鼓风机吹入散茶机。散茶机由四个高达七八米的筒状网组成，每个筒状网的底部都带有强力鼓风机。传送带把茶叶送入第一个筒状散茶网后，立刻被鼓风机吹扬起来，再因自身的重量掉落下来，掉入下一个筒状网，如此这般扬起、落下，扬起、落下，茶叶在这个过程中把蒸青时形成的褶皱全部都伸展开来，叶表大部分水分也随之散去，最终落入不锈钢网状传送带送进烘箱。

目前中国常见的散茶机大致有两种：一种是日本版的有四个各自独立、并排的烟囱状网柱，茶叶必须逐个通过每一个网柱；另一种是国内某企业的改良版，四个网柱合并成一个巨大的长方体网格，罩在一至数台鼓风机上，茶叶从网格的一端被风吹入，在大网格中飞舞一会儿后就掉入网格另一端下方的传送带，叶片尚未充分地舒展开来，表面的水分也尚未得到足够的吹干，就直接进入烘箱了，据说这样能够节约能源。2019年春天，笔者走访了江浙一带的多家企业，专门调查了这两款散茶机在功效上的差异，掐着码表做了详细的记录，提取刚输出散茶网的茶叶样本，密封后带回实验室测量其含水量。实验证明，两者的效果差异很大，分别独立的烟囱状网柱的效果明显优于合并的大网格。

3. 干燥

碾茶生产线的烘箱长达 8 ～ 12 米，地面部分的高度在 2 米以上，其中三分之一建在地下，地下空间是一个长方形凹槽，内设柴油燃烧器，燃烧器连着两条长长的金属烟道，通过烟道把热量送到凹槽的尽头。烘箱设置在长方形凹槽的上方，高度 3 ～ 4 米，烘箱内设有四层金属传送网带，套在烘箱两头的滚动轴上。从散茶机掉出来的茶叶最先掉落在最下层即第四层茶叶传送带上。最下层的传送带的下方便是燃烧器的金属烟道，其温度可以达到几百摄氏度之高，一般设置在 180 摄氏度左右。带有湿气的茶叶在这里可以快速失去水分，又不至于烤焦。鲜叶经过长距离的烘烤，走出下层传送带的时候带着很高的温度，为了避免高温对茶叶叶绿素的破坏，必须立刻降温。所以在第四层传送带的出口处，安装有大风力的鼓风机，把茶叶吹到烘箱顶上的一个巨大的网格箱里，大网格箱的顶部设有多个鼓风机，继续给茶叶降温。降温后的茶叶掉入烘箱最上层的传送带，再依次落入第二层、第三层，最终走出烘箱的茶叶已基本干燥，含水量为 15% 左右。

老式的干燥炉占地面积很大，能耗也非常厉害。目前，已经有“超声波干燥”“导槽滚筒干燥”“电热板干燥”等多种类型的设备问世了。

4. 梗叶分离器

走出烘箱的茶叶，其叶肉部分已经基本干透，相当酥脆，残留的 15% 左右的水分大多集中在叶梗、叶脉之中，使得叶梗、叶脉还带有一些柔韧性，所以当茶叶进入螺旋式梗叶分离器时，在螺旋杆的压力下，茶叶被挤压、被推送，酥脆的叶肉部分很容易破碎，掉落下来，而叶梗、叶脉部分因为还含有水分，有韧性，不易折断，就像是丝瓜筋一样被留下来，达到了叶肉与叶梗、叶脉的分离。

要达到收集叶肉、去除叶脉的效果，关键在于茶叶烘干阶段对含水量的把握。茶叶含水分太多，叶肉不够酥脆，就会连在叶脉上掉不下来，从而造成浪费；茶叶烘得太干了，叶脉也十分干燥，就失去柔韧性，会连叶梗、叶脉都被压碎，混在叶肉里，且难以分离，影响碾茶的质量。

目前国内大多数的碾茶都能够做到不含树枝，但依然混有大量的叶梗、叶脉，从严格意义上来说，还不能被称为“碾茶”，只能被称为“切碎了的荒茶”，合格的碾茶不该混有叶梗、叶脉。

三、碾磨

目前国内常见的粉碎抹茶的设备有球磨机、连续珠磨机、气流粉碎机等，比较罕见的是电动茶磨。

图 73　球磨机

1. 球磨机

常见的球磨机（见图 73）是 20 世纪由日本京都相乐郡和束町池田公司的池田老社长设计开发的。六角形的不锈钢密封大桶里装有 80 ～ 100 千克、直径约 1.5 厘米的陶瓷球，可以装入 10 ～ 20 千克的茶叶（碾茶），一般碾磨五六个小时，便可以获得200目[①]以上的茶粉末，球磨机在生产过程中会发出极大的噪音，还会因摩擦产生热量。所以球磨机车间不但需要安装隔音板，还需要配备降温设备。一台球磨机一天可以生产 30 ～ 60 千克的茶粉末。

2. 连续珠磨机

连续珠磨机（见图 74）是球磨机大家族的一员，采用了更加迷你（直径约 0.5 厘米）的陶瓷碾磨珠，粉碎效果更好，这也是池田老社长开发

① “目”是粒度的计量单位，在泰勒标准筛中的“目”就是 2.54 平方厘米 (1 英寸) 中的筛孔数，目数越大，表示筛孔数越多，也表示颗粒越细。粒度也可以用微米来表示，比如 200 目约为 75 微米，800 目约为 18 微米。

的产品。

连续珠磨机的优势是产量较高，通过一个加料杆连续不断地投入碾茶，同时也连续不断地排出被粉碎了的茶粉末。由于机器设备产生高温，所以自带一个冷却构造。连续珠磨机可以 24 小时不间断地工作，一台机器一天可以生产 200 ～ 300 千克茶粉末，占地小，能耗少，产量高，是非常高效的粉碎设备。连续珠磨机的缺点是细度还不够理想，并且由于使用了冷水循环装置，压抑了茶的香气。

图 74　连续珠磨机

3. 气流粉碎机

古老的气流粉碎机目前已经很少有人用于抹茶生产了，因为碾磨细度太差，且无法调控的高温会损伤茶的叶绿素，被反复粉碎后的茶叶经常会出现绿叶变黄粉的情况。

另外，还有一种音速气流粉碎机，粉碎的速度与细度都不错，却是“电老虎”，能源消耗极大，加工成本太高。

4. 茶磨

宇治抹茶（上海）有限公司拥有一个茶磨车间（见图 75），一百多台由天然石材雕琢而成的电动茶磨不间断地工作着。除了动力使用马达外，其他部分完全承袭了传统的手动茶磨：运转方式、转动速度、运行方向，都模仿人工手动。茶磨最大的优点是碾磨出的抹茶细腻、香气浓、喉感好；最大的缺点是产量太低，一台茶磨工作一个小时只能生产 40 克抹茶，还不到一握。

石磨抹茶在显微镜下呈现为“不规则撕裂状薄片”，其细度可以达到 2 ～ 20 微米，部分颗粒甚至比 2 微米还要细小。但是如果碾茶中混有叶梗、

图 75　现代化茶磨洁净车间
（图中为下置动力偏心式抹茶碾磨机，发明专利号：ZL201010503397.8）

叶脉的话，结果就完全不同了，茶磨能够把茶的叶梗、叶脉碾磨成一根根极细极细的绒毛，但绝对不可能将其碾磨成粉末，这就是茶磨为什么要求原料碾茶不可含有叶梗、叶脉的原因。

第三节　末茶申遗

末茶文化是我们祖先留下的珍贵遗产，在现代化的今天，末茶的申遗具有极高的文化价值、经济价值、实用价值和社会价值。振兴、传承、发展

末茶文化不但可以重申中国对末茶的文化主权，在文化上正本清源，更是对继承弘扬传统茶文化、重塑城市文化形象有着重要的作用。从 2014 年开始，宇治抹茶（上海）有限公司便开始了为末茶申遗的旅程，直到 2021 年春天终于心想事成，“古法末茶制作技艺”成功载入上海市宝山区非物质文化遗产名录（传统技艺类目）。

非遗“古法末茶制作技艺”包含茶磨制作、末茶制作、末茶候茶三项内容。

一、为中华末茶正名

末茶制作技艺与候茶技艺起源于汉晋，成熟于唐朝，巅峰在宋朝，是中国传统茶文化的重要形式。末茶流传到日本后被称作“抹茶”，以致当代很多国人不知道抹茶的源头在中国，误认为其为舶来品，也跟着叫“抹茶”。2016 年的抹茶国标制定研讨会上，笔者虽然呼吁给末茶正名，但是最终未能如愿。极低的社会认知度、稀少的传承人以及复杂的制作工艺，使末茶在宣传、推广和传承方面困难重重。

笔者在写这本书，特别是写到现代的“末茶之复兴”部分时也常会发生混乱。一方面希望能够承续中国古老的末茶名称，另一方面，由于目前的国家标准的名称叫“抹茶”，而不是“末茶”，自然市面上的产品叫“抹茶”也是理所应当，写着写着就混乱了。但笔者坚定地相信，随着末茶的文化历史越来越为广大民众所知晓，“末茶”正名之日必将早日到来。

二、茶磨制作技艺的传承

距第一家专业抹茶工厂的创立已经过去十多年了，在国家和地方政府的大力扶持下，江、浙、皖、闽、云、贵都出现了大量的碾茶栽种基地和抹茶生产企业。为了快速提高产值产量，各企业大多采用球磨机、连续珠磨机、气流粉碎机等粉碎茶叶，个别企业虽然有电动茶磨的展示，但还并未真正

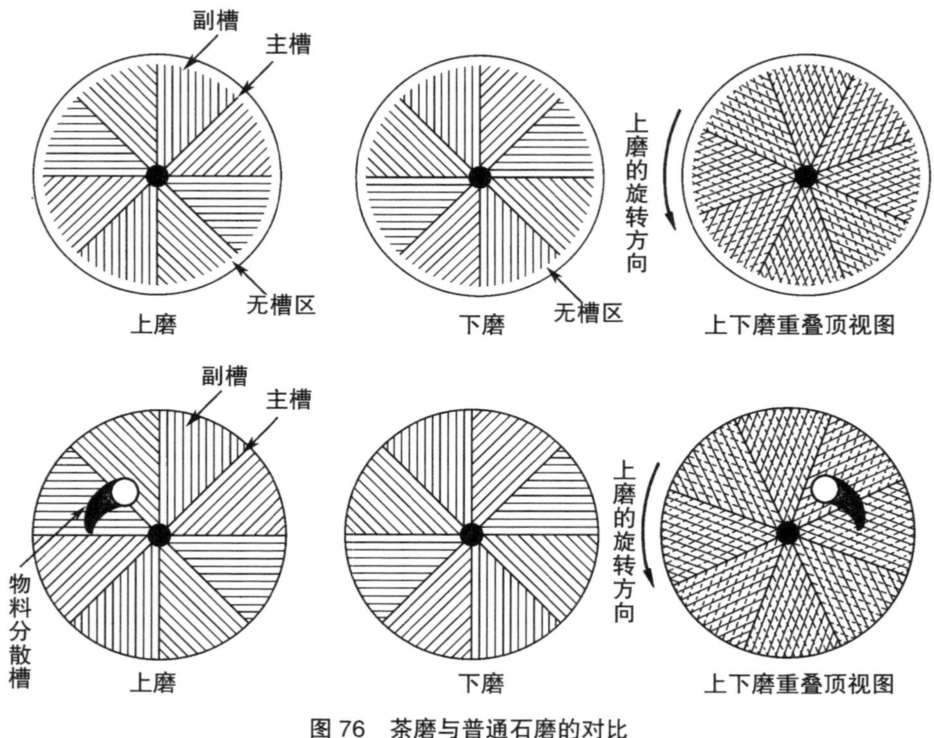

图 76　茶磨与普通石磨的对比

用于实际生产。

茶磨与普通加工米面的石磨不同（见图 76），茶磨的制作极其复杂，如果制作不得法，碾磨出来的抹茶的细度还不如球磨机，甚至不如气流粉碎机。

生产用茶磨与家用小型茶磨基本相同，由于生产用茶磨采用马达来带

动，所以尺寸略微放大了一些，茶磨同样分为上磨、下磨、芯轴三个部分。

制作茶磨基本有七个步骤。

（1）选材

茶磨以天然石材雕琢而成。石磨连续运转1～2个小时后，摩擦产生的温度会达到最上限（再继续摩擦温度也不再上升），笔者称之为“饱和摩擦温度”。不同石材的密度和比重不同，导致散热效果不同，散热效果不同，饱和摩擦温度也不同，这对抹茶的颜色、散热都会产生直接的影响。由合适的石材制作的茶磨，其产生的饱和摩擦温度可以帮助抹茶提香，所以石材的选择非常重要。

（2）造型

茶磨的造型大有讲究。上磨物料堆放部的碗形凹槽决定了茶叶原料的贮存量以及原料进入茶磨的顺畅程度；下磨的接料凹槽浅而宽，必须光滑，这样才能方便收集抹茶、清洁茶磨。

（3）制作芯轴

茶磨与普通石磨最大的区别在于茶磨的入料口即芯轴孔，芯轴制作不当会随同上磨一起转动，而且会随着转动而逐步上升，直至完全脱落。因此下磨的中心孔不能为圆形，必须凿成方形，如此底部方形的芯轴才不会随上磨转动。另外，芯轴孔的大小、芯轴的粗细决定了芯轴与芯轴孔之间的缝隙的宽度，缝隙大了，茶叶落下太快，碾磨出来的粉末就粗，反之，茶叶不易落下，粉末就出不来。

（4）平整

造型完成后的茶磨还只是一个毛坯，上下磨完全不吻合，需要打磨平整，使之完全吻合。

（5）制作槽图

用笔在磨面上画出磨槽，茶磨的磨面分为八个区，八条主槽加上众多副槽，每一条槽之间的距离必须相等。

（6）凿磨槽

按照槽图，用斧凿凿出茶磨的沟槽，每一条副槽都必须与主槽相交，一般需要两个人配合操作。

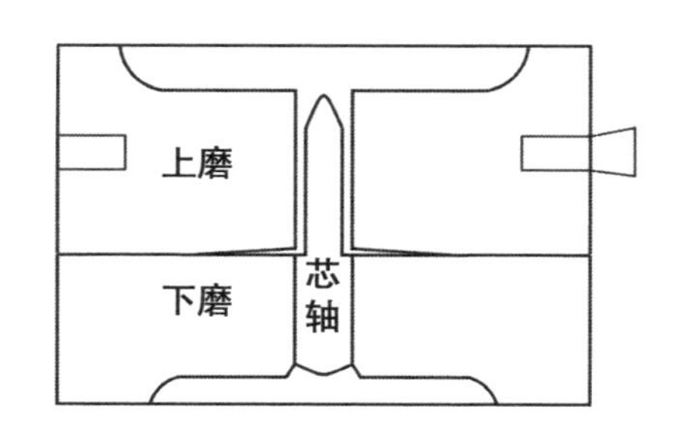

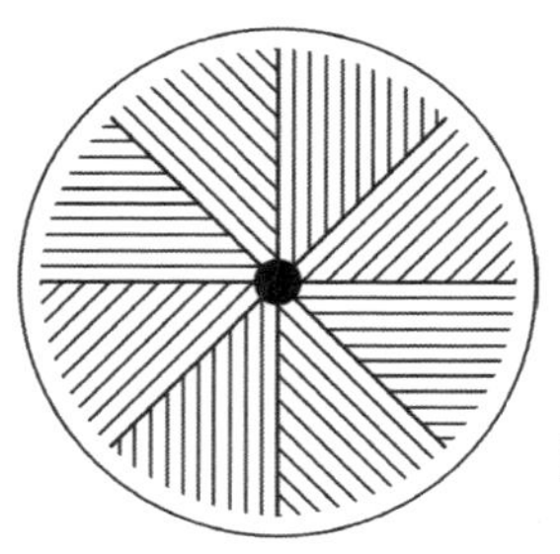

图 77　生产用茶磨的截面图与磨面

（7）无槽区

可以留出无槽区，茶磨圆周边缘约 0.5 厘米宽不设沟槽，称为“无槽区”（见图 76、图 77）。

茶磨的制作太难了！据说以拥有茶磨数量最多著称的日本，目前能够制作茶磨的工匠也不足五六个人了。

为了茶磨的保护与传承，宇治抹茶（上海）有限公司三代匠人做出了不懈的努力。制作一只茶磨，搬上搬下至少四五十次，手工精雕细琢，反反复复调整，需要几个星期。不但劳累，而且还伴随着危险，为了制作茶磨，公司的老厂长（上海市宝山区茶磨非遗传承人）梁文涛甚至还被切断了一根手指。

茶磨的制作工艺亟待保护与传承，这项工作任重道远，几乎还没有开始，前景很不乐观。笔者很喜欢望着茶磨车间里的一百多台茶磨发呆，听着茶磨的轰鸣声总是感慨万分，几多振奋，几多欣慰，几多惆怅。

三、候茶技艺的传承

自古以来，末茶的煮饮有特定的步骤，这些步骤和程式依照陆羽《茶经》、寺院清规、蔡襄《茶录》、宋徽宗《大观茶论》、《五百罗汉图》等记录代代相传，沿袭而成。

“以茶散郁气，以茶驱睡气，以茶养生气，以茶除病气，以茶利礼仁，以茶表敬意，以茶尝滋味，以茶养身体，以茶可行道，以茶可雅志。”在物质生活水平发展到如此高度的今天，人们要在紧张与繁忙之余，放下诸多的烦恼，获得一份身心的安宁，似乎不太容易。茶道能让人进入一种特殊的专注状态来达到情绪的放松，进入一个全新的精神世界。

“天命之谓性，率性之谓道，修道之谓教。”“道也者，不可须臾离也，可离，非道也。”当今的茶道中，人们一起享受吃茶交流的乐趣，在内涵和实质上，通过经常接触蕴含在茶道操作、茶具茶器中的中华传统文化精髓，在潜移默化之中提高自身的道德修养和艺术品位，获得优雅、美好和韵律，培养“得失随缘，心无增减”的心胸，实现一种珍惜眼下的乐趣，从而拥抱自然、拥抱友谊、拥抱社会。

学习茶道对今天的人们的生活有着非常重要的意义：

茶道助人形成谦恭温良、不卑不亢的优雅气质；

茶道助人发现与欣赏人与自然的美，美化自己的生活；

茶道磨炼人的意志，整理整顿，有序不紊，自律坚强；

茶道给予儒道释思想熏陶，得失随缘，心无增减，满足感恩。

抹茶不但承载着深厚的历史文化，同时也是一种能够给人带来健康与美丽的食品。点刷后的抹茶，浮着明亮美丽的泡沫，细密浓厚的泡沫能给人以视觉和味觉上的享受。自古以来，泡沫一直是爱和美的象征。

心理学研究发现，泡沫能提高人的好感度，能打动人心，特别是女性，对泡沫更加情有独钟。很多女性喜欢喝带有泡沫的饮品，泡沫能带来一种饱满的快感，喝完舔一下嘴唇上泡沫的动作能够放松情绪，让人感觉充实、爽快。很多时候，泡沫被看成是生命、神秘与爱的象征。日本的茶道分成很多流派，光是有记录的就不少于四十个，有的流派中的点茶并没有泡沫或者泡沫很少。中国古籍中的末茶始终以沫饽浓密为最佳，当今的茶道爱好者也几乎一边倒地喜欢浓厚的泡沫。调查表明，更多的人认为，在同样的抹茶中，有浓密泡沫比没有泡沫的更加容易令人感受到美味与温馨。

从色彩学的角度来分析，抹茶色是一种特殊的柔和绿色，它不同于人们常见的单纯由蓝色和黄色调配出来的绿色，抹茶色中含有一定的红色，虽然亮度不高，却很靓丽，是一个比较复杂的颜色。通过色彩分析可知，抹茶色的RGB值为R=141～197、G=175～197、B=102～106，色相在64度，彩度在42%，亮度在70%左右。根据色彩心理学的研究分析，喜欢抹茶色的人，个性沉着、安静、内敛，不太喜欢张扬。科学研究表明，喜欢抹茶的人，很喜欢做一些标新立异的事情，他们不太在意旁人是否理解自己，也没有兴趣去向别人喋喋不休地解释以求得理解，他们比较享受自我，有更多属于自己的追求。

四、经济价值与实用价值

抹茶营养价值极高，富含茶多酚，具有强身健体、抵御疾病的功能，还具有抗氧化、防衰老的作用。抹茶在给人们带来了健康与美丽的同时，也产生了良好的经济效益。抹茶的复兴带动了一系列新的食品产业链的诞生与发展。2016年国内兴起抹茶热后，短短一年时间，中国出现了近千家抹茶主题饮品店。随着市场对抹茶需求的增长，抹茶产业在促进消费、提供就业方面也发挥着极大的作用。

现代社会工业化生产的抹茶99%以上都作为食品原料在使用，比如用于制作抹茶蛋糕、抹茶冰激凌、抹茶奶茶、抹茶面包、抹茶饼干、抹茶面条等，用于直饮的抹茶还不到生产总量的1%。即使在日本，用于直饮的抹茶也没有超过5%。

我们经常把含有抹茶、茶粉末的食物分为两种形态：一种是用牙齿嚼着吃的，另一种是用舌头舔着吃的。用牙齿嚼着吃的食物对茶粉末细度的要求肯定没有用舌头舔着吃的那么高。由于不同形态的产品对茶粉末细度的要求不同，在实际生产过程中，人们往往根据最终产品的形态来选择不同的原料和辅料，抹茶与绿茶粉也各有其用武之地。

近十多年来，随着生活水平的不断提高，人们对食物的营养成分、食品的色泽也更加在意，人们的食欲与对食物的感觉良好度呈正比，更多的人本能地接受天然绿色的食品，譬如水果与蔬菜。在发达国家，为了能够全面地摄入各种营养，人们被要求每天摄取30种以上的食物，事实上很少有人能完成这个任务，而抹茶几乎拥有所有蔬菜的营养成分，不但可以直接用来品饮，还可以做成各种美味可口的食品。当代的抹茶，正以其独特的生物学活性及“绿色”特征，迎合着新时代大众的消费理念和环保意识，满足着紧张繁忙的现代人的需要。

“古法末茶制作技艺”列入上海市宝山区非物质文化遗产名录，这给予了末茶传承者极大的信心与鼓舞。古老末茶的传承与保护才刚刚开始，作为一个美丽健康而又内涵丰富的产品，相信它一定会更加深入人心，走向世界，成为新时代的宠儿。

参考文献

[1] 三輪茂雄 . 臼 [M]. 東京：財団法人日本政法大学出版社 ,1978.

[2] 上海市宝山区地方志编纂委员会 . 宝山县志 [M]. 上海：上海人民出版社，1992.

[3] 河添房江 . 唐物の文化史 —[M]. 東京：舶来品からみた日本，2014.

[4] 桑田忠親 . 茶道の歴史 [M]. 東京：株式会社講談社，1979.

[5] 三輪茂雄 . 粉の文化史 [M]. 東京：株式会社新潮社，1987.

[6] 桑田忠親 . 山上宗二記の研究 [M]. 東京：株式会社河原書店，1977.

[7] 筒井紘一 . 南方録（覚書・滅後）[M]. 東京：淡交社，2012.

后　记

《中华末茶简史》一书的写作，自收集资料开始至今，断断续续已经快十年了，现在终于羽翼略丰，马上要“离巢而去”面见茶友了，不禁心里浮起很多不安。

末茶是中国文化之浩瀚大海中的一个小岛，本书仅仅是对历史上末茶“如何碾磨”“如何候茶”这两个分支进行耙梳与还原。

编写这本书花了那么长的时间，是因为一直都有新的发现，导致原有的想法、判断不断被推翻。

比如关于“末茶的碾磨”章节，原本是放在宋代的，因为在宋代不但有众多文人墨客用诗赋歌咏过茶磨，还有不少绘有茶磨的传世古画作为茶磨存在的佐证，日本研究石磨的专家三轮教授也在他的著作中多次阐述中国的茶磨产生于宋朝，宋人使用茶磨是“铁打的事实”。后来亓明曼女士发来一张昆山片玉茶磨的照片，询问这是不是茶磨。由于很久以来人们都没有看到过茶磨，而那些古画中的茶磨也没有描绘得非常清晰，以致文物考古人员虽然知道这是石磨，甚至明知其形制与普通石磨不同，也仅仅将其描述为是一个“特殊的石磨”，却不知道这就是历史上的茶磨。笔者细看照片后断定这就是茶磨，于是便推翻了迄今为止的“中国人使用茶磨始自宋朝”的观点，将关于“末茶的碾磨”的章节移至唐代。

昆山片玉茶磨事件后，笔者再度进行了认真细致的查索、挖掘，果然又发现了晋代的“绿毛龟茶磨”。同样，这扇古茶磨也被人当作“特殊的石磨”对待，无人知晓它的重要价值。感叹之余，便又一次移动，将“末茶的碾磨”章节推移到唐前。

还有对那些古代传世茶图的解读，感觉每一次细读都有新的发现，导致在写作过程中不断地修改、不断地推翻，有的章节移来移去，反而搞得支离破碎了。

笔者相信，对于末茶的研究，今后还会有新的资料出现来质疑与推翻今天的一些观点。这是令人喜闻乐见的事情，写这本书的目的，原本就是希望能够抛砖引玉，吸引更多的研究者来参与讨论，以得到更多的资料及论证，得到更近真实的历史。因此，书中的不足之处还请读者、茶友多多指正、弥补不足，以为大幸。

关于要不要第七章“现代·末茶之复兴”，笔者纠结了很久。如果说是单纯对历史进行耙梳，那么近现代的内容完全可以不要，但是又纠结于“中国的末茶断代了吗”？如果断代了，我们还传承什么呢？我们还拿什么去申报非物质文化遗产呢？拿什么去告慰我们的祖先呢？在反复的纠结、犹豫之中写下了第七章，内容很简略，因为关于现代抹茶的生产制作已经另有专著在版了，若再赘述难免有画蛇添足之嫌，就在此略过了。

踏上振兴中国古茶道之路已经整整十七个年头了，笔者最初的心愿是“让所有的中国人都吃得上并且吃得起末茶”。如今，末茶遍地开花，不但达成了心愿，还让“古法末茶制作技艺”列入了非物质文化遗产名录，成立了末茶道协会，建成了面向一般市民的“唐宋末茶体验馆”。回首十六年来走过的每一步，感觉自己的每一滴汗水和每一颗泪珠都是有价值的，自己的每一次欢笑与欣喜在当下、在将来都是会被反复追忆和回味的。

在编写这本《中华末茶简史》的过程中，受到了亓明曼女士以及华东师范大学的研究生的帮助，同时也得到了惠州市博物馆、重庆三峡移民纪念馆、新郑博物馆等文博单位的大力支持，在此对各位的付出表示衷心的感谢。也感谢东南大学出版社的张丽萍老师，正是她的辛勤工作才使得此书能快速出版，感谢大家！

梁文涟

二〇二二年一月吉日

上海梧桐斋